Abhandlungen zur Didaktik und Philosophie der Naturwissenschaft. Heft 16.

Versuche zur elektrischen Resonanz mit hochfrequenten und niederfrequenten Wechselströmen

(Versuche mit kleinen Röhrengeneratoren)

mit einer kurzen theoretischen Erläuterung
zur elektrischen Resonanz

von

Dr. Friedrich Moeller

Mitglied der staatlichen Hauptstelle
für den naturwissenschaftlichen Unterricht
in Berlin

Mit 52 Textabbildungen
und 14 Tabellen

Berlin
Verlag von Julius Springer
1937

ISBN-13:978-3-642-98394-8 e-ISBN-13:978-3-642-99206-3
DOI: 10.1007/978-3-642-99206-3

Vorwort.

Die vorliegende Abhandlung ist als Fortsetzung des Heftes 15 dieser Sammlung im wesentlichen eine Anweisung zu zahlreichen Versuchen mit kleineren Röhrengeneratoren. Es war jedoch zweckmäßig, alle diese Versuche, bei denen Wechselströme der verschiedensten Frequenzen benutzt sind, nach den ihnen allen zugrunde liegenden Gesetzen der elektrischen Resonanz zu ordnen und zu behandeln. Dem Anfänger scheinen zunächst, wie die Erfahrung dem Verfasser gezeigt hat, die Vorgänge der hochfrequenten Resonanz nach anderen Gesetzen zu verlaufen wie die Resonanzerscheinungen, die sich in den mit niederfrequenten Wechselströmen betriebenen Kreisen zeigen. In Wirklichkeit besteht im Wesen beider kein Unterschied, sondern es wachsen, wenn man so sagen darf, gewissermaßen „die Amplituden der Versuche" mit der Frequenz; als neuartig gegenüber den niederfrequenten Wechselströmen tritt bei den hochfrequenten Wechselströmen nur hinzu, daß ihre Betriebsspannung auch durch Strahlungsfelder erregt werden kann. In Bezug auf die Resonanzwirkungen an sich ist aber die Erregungsart der Spannung gänzlich unwesentlich, wenn auch die Versuche durch Strahlungserregung der Spannung an „Schauwirkung" zunehmen und erst durch diese Erregungsart der Spannung die Resonanzerscheinung ihre große technische Bedeutung erhalten hat.

Zur Klärung der Theorie ist ein kleiner Abschnitt vorangestellt, der die einfachen Anordnungen der Reihen- und Parallelresonanz (Spannungs- und Stromresonanz) behandelt. An- und abklingende Vorgänge sind nicht besprochen, ihre Kenntnis ist zum Verständnis der beschriebenen Messungen und Versuche nicht notwendig, und ihre Erläuterung würde den vorgesehenen Rahmen der Arbeit weit überschreiten. Dem Anfänger genügen die einfacheren Resonanzerscheinungen durchaus, und die Erkenntnis ihrer Gesetze ist Vorbedingung zum Verstehen der schwierigeren Vorgänge. Der Begriff der „Schwingung" ist daher in der Abhandlung weder erklärt noch benutzt, sondern nur einmal beiläufig erwähnt; bei allen Erläuterungen der Versuche mit Nieder- und Hochfrequenz bleibt die Bezeichnung Wechselstrom beibehalten. — Im zweiten Abschnitt sind Versuche mit Niederfrequenz beschrieben, wozu nur einfaches Gerät notwendig ist, da das Netz die Wechselspannung (50 Hertz) liefert. Auf diese Versuche wird in den folgenden Abschnitten vielfach verwiesen, um eben darzulegen, daß eine grundlegende Änderung der Erscheinungen nicht eintritt, wenn höhere Frequenzen benutzt werden. — Der dritte Abschnitt enthält Resonanzversuche und -messungen mit hochfrequenten Wechselströmen bei Frequenzen der Größenordnung 10^5 bis 10^6 Hertz, während der vierte Abschnitt Versuche mit sog. kurzen Wellen (Frequenzen bis etwa $3 \cdot 10^7$ Hertz) beschreibt, die vielfach Schauversuche darstellen. — Der letzte Abschnitt behandelt Versuche und Messungen mit mittelfrequenten Wechselströmen der Frequenz etwa 300 bis herauf zu 10000 Hertz. Wenn auch das zu diesen Versuchen notwendige Gerät umfangreicher sein muß als das in den früheren Abschnitten angegebene Gerät, so mußte eine Beschreibung der Versuche doch erfolgen, weil mittelfrequente Wechselströme mancherlei Vorteile für Resonanzversuche bieten, insbesondere ist die benutzte Frequenz mittels Fernhörer oder Lautsprecher mit dem Ohr festzustellen oder doch wenigstens angenähert zu beurteilen.

Als Anleitung (Kleines Praktikum) enthält die Abhandlung zahlreiche Hinweise auf die praktische Ausführung der Geräte, damit sie gegebenenfalls nachgebaut werden können, wenn dazu auch immerhin eine gewisse Erfahrung notwendig sein wird; die benutzten Spannungen für die Röhren sind nicht höher als 220 Volt.

Herrn Dr. Lips von der Staatlichen Hauptstelle spreche ich an dieser Stelle meinen herzlichsten Dank für die Unterstützung bei der Aufnahme der Schaubilder aus.

Berlin-Tempelhof, im Juni 1937.

Friedrich Moeller.

Inhaltsübersicht.

Erster Abschnitt.

Theorie der Resonanzerscheinungen.

Zweiter Abschnitt.

Resonanzversuche und -messungen am Wechselstromnetz (50 Hz).

Dritter Abschnitt.

Resonanzversuche und -messungen mit hochfrequenten Wechselströmen (f = 30 bis 1000 Kilohertz, λ = 10000 bis 300 Meter).

Vierter Abschnitt.

Resonanzversuche in dem Frequenzbereich 10 bis 30 Megahertz (λ = 30 bis 10 Meter).

Fünfter Abschnitt.

Resonanzversuche und -messungen an mittelfrequenten Stromkreisen (300 bis 10000 Hz).

Erster Abschnitt.

Theorie der Resonanzerscheinungen.

I. Wirkwiderstände und Blindwiderstände.

In der Wechselstromphysik müssen zweierlei Widerstände unterschieden werden, deren physikalische Natur völlig voneinander verschieden ist, wenn sie sich auch in Zahlwerten gleicher Benennung (Ohm) ausdrücken lassen. Wirkwiderstände sind Widerstände, die sich wie Ohmsche Widerstände verhalten; ihr Betrag ist allerdings häufig nicht in einer Gleichstrombrücke meßbar, weil sie oft nur in wechselstromdurchflossenen Kreisen auftreten. Der Betrag ist auch in der Regel „frequenzabhängig", normalerweise wächst er mit der Frequenz, doch tritt seltener auch der umgekehrte Fall ein. In allen Wirkwiderständen erfolgen wie in den Ohmschen Widerständen Verluste an elektrischer Leistung, und Strom und Spannung sind in Phase. Alle Verluste z. B., die als Hysteresisverluste in den Eisenkernen von Spulen, als Wirbelverluste im Eisenkern und in den Leitern, als diëlektrische Hysteresisverluste in den festen Diëlektriken der Kondensatoren auftreten, müssen als in Wirkwiderständen erscheinend behandelt werden, die physikalisch den übrigen im Kreise vorhandenen mit der Gleichstrombrücke meßbaren Ohmschen Widerständen gleichen; sie können in der Regel als zusätzliche, also zu letzteren in Reihe gelegte Ohmsche Widerstände angesehen werden; auch die Erhöhung des Ohmschen Widerstandes eines Leiters durch den sog. Hauteffekt (Skineffekt) ist ein solcher Wechselstrom-Wirkwiderstand. Alle diese Wirkwiderstände können in einer Brücke nur dann gemessen werden, wenn diese mit der gleichen Frequenz betrieben wird, die in dem Stromkreise herrscht, in dem sie auftreten.

Neben den Wirkwiderständen erscheinen in Wechselstromkreisen sog. Blindwiderstände, die bei Wechselstromdurchgang in Induktivitäten (Spulen) und an Kapazitäten (Kondensatoren) entstehen; diese Widerstände haben keine Verluste zur Folge, sondern sie speichern wechselweise elektrische Energie auf und geben sie wieder zurück. Der Blindwiderstand einer Spule läßt sich dem Zahlwert nach in Ohm ausdrücken, wenn die Größe L der Induktivität in Henry (Hy) angegeben ist. Es wird dann:

$$\mathfrak{R}_L = \omega L \text{ Ohm}; \quad \omega = 2\pi f. \quad f \text{ ist die Frequenz in Hertz (Hz).} \tag{1}$$

Ebenso ist der Blindwiderstand eines Kondensators C:

$$\mathfrak{R}_C = \frac{1}{\omega C} \text{ Ohm}, \tag{2}$$

wenn die Kapazität C in Farad (F) angegeben ist. — Wird der die Blindwiderstände durchfließende effektive Strom I in Ampere gemessen, so ist die effektive Spannung U in Volt:

$$U_L = I\omega L; \qquad U_C = -I\frac{1}{\omega C}. \tag{3}$$

Das negative Vorzeichen im zweiten Ausdruck gibt an, daß die Spannung an der Kapazität gegenüber der Spannung an der Induktivität um 180° phasenverschoben ist, wenn beide von einem Strom I durchflossen werden; bei Rechnungen mit Blindwiderständen beiderlei Art muß für den Blindwiderstand der Kapazität das negative Vorzeichen gesetzt werden.

Leider treten die Blindwiderstände niemals rein auf, sondern stets in Begleitung eines mehr oder weniger großen Wirkwiderstandes, der bei einer Spule in Reihe zu ihrem Blindwiderstand, bei einem Kondensator parallel zu seinem Blindwiderstand gelegt zu denken ist; doch darf auch im letzteren Falle der Parallelwiderstand in einen Reihenwiderstand umgewandelt werden, wenn der Zahlwert des Blindwiderstandes klein ist gegen den Zahlwert des Parallelwiderstandes; dann läßt sich der große Parallelwiderstand durch einen kleinen Reihenwiderstand ersetzen, ohne daß der Zahlwert des Blindwiderstandes praktisch eine Änderung erfährt. Der andere Fall, daß der Zahlwert des Kapazitäts-Blindwiderstandes groß ist gegen den Parallelwirkwiderstand, ist praktisch ohne Belang, er darf nicht vorkommen.

Bei Darstellung von Resonanzerscheinungen sind alle Wirkwiderstände störend, sobald nicht die Bedingung Wirkwiderstand $\ll$ Blindwiderstand erfüllt werden kann; es ist daher wichtig, daß die Wirkwiderstände möglichst klein bleiben. Bei Hochfrequenz-Resonanzversuchen ist die genannte Bedingung leicht einzuhalten, weil infolge der hohen Frequenz die Blindwiderstände auch bei kleinen Spulen und Kondensatoren hohe Beträge erreichen und daher automatisch auch die Wirkwiderstände klein werden: Die Spulen besitzen nur geringe Drahtlängen, und die Kondensatoren (Drehkondensatoren) haben als Luftkondensatoren geringste Verluste. Bei Netzfrequenz (50 Hz) müssen zur Herstellung genügend großer Blindwiderstände alle Spulen Eisenkerne haben, die, wie erwähnt, erhebliche Wirkwiderstände verursachen. Sobald die Kerne offen sind, treten wesentlich nur Wirbelverluste auf, weil die Hysteresisverluste infolge der bei offenen Kernen nur geringen Remanenz klein bleiben. Ist der Eisenkern aber geschlossen, so kommen große Hysteresisverluste hinzu, und die Wirkwiderstände können dann so erheblich werden, daß sich Resonanzerscheinungen kaum noch darstellen lassen. Die Ohmschen Widerstände der Spulen treten gegen die Wechselstromwirkwiderstände fast zurück, wenn die Drahtquerschnitte der Spulen genügend groß sind. Die Wirkwiderstände der Kondensatoren (= Papier-Becherkondensatoren) sind bei Netzfrequenzversuchen sehr klein und zu vernachlässigen. — Bei Mittelfrequenzversuchen (= hörbare Frequenzen, im fünften Abschnitt in den Grenzen etwa 350 bis 10000 Hz benutzt) kommen noch eisenkernfreie Spulen zur Verwendung, deren Wirkwiderstände aber wegen der verhältnismäßig großen Drahtlänge und der bei höheren Frequenzen merklichen Hauteffekte die gleiche Größenordnung erreichen können, wie die Wirkwiderstände der Eisenkernspulen. Auch die Wirkwiderstände der Kondensatoren werden größer als bei den Hochfrequenzversuchen, weil Luftkondensatoren nicht mehr benutzt werden können, da ihr Kapazitätsbetrag zu klein bleibt. Bei hohen Mittelfrequenzen kommen daher Glimmerkondensatoren zur Verwendung, deren Verluste verhältnismäßig klein sind; bei niederen Frequenzen können Becherkondensatoren in Gebrauch genommen werden, deren Verluste dann aber größer sind und merkliche Wirkwiderstände verursachen.

Für manche Versuche, insbesondere für Schauversuche, weniger für Messungen, benötigt man einen stetig veränderbaren Blindwiderstand. Bei Hochfrequenzversuchen stellt der Drehkondensator einen idealen Widerstand dieser Art dar, bei Niederfrequenzversuchen muß das Joch des Eisenkernes verschoben werden, bei Mittelfrequenzversuchen ist ein Spulenvariometer zweckmäßig, wodurch in beiden letzteren Fällen eine stetig veränderbare Induktivität hergestellt wird. Eine stetig veränderbare Kapazität ist weder für Niederfrequenz noch für Mittelfrequenz anzufertigen, wenn nicht große Mittel zur Verfügung stehen.

II. Die Reihenresonanzschaltung (Spannungsresonanz).

Induktivität, Kapazität und Wirkwiderstand lassen sich in der verschiedensten Weise zusammenschalten, wobei zwei Schaltungen von besonderer physikalischer Bedeutung sind. Werden nach Abb. 1 Wirkwiderstand R, Induktivität L und Kapazität C in Reihe gelegt, wobei alle Wirkwiderstände in R vereinigt gedacht sind, so liegen Wirk- und Blindwiderstände auch mit der Betriebsspannung U_b in Reihe. Der gemeinsame Widerstand gegen die Betriebsspannung ist dann durch die Gleichung gegeben:

$$\mathfrak{Z} = \sqrt{R^2 + \left(\omega L - \frac{1}{\omega C}\right)^2}, \tag{4}$$

und der effektive Strom wird dann:

$$I = \frac{U_b}{\mathfrak{Z}}. \tag{5}$$

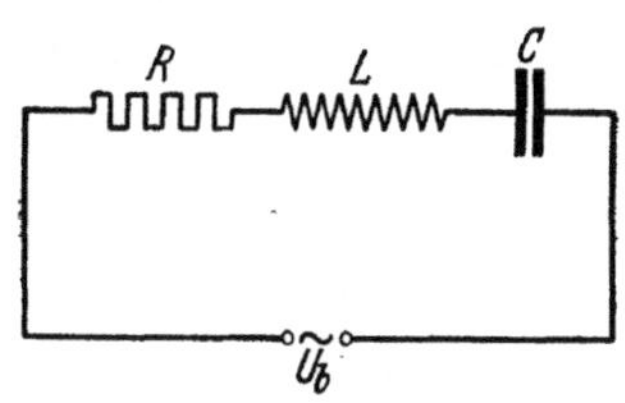

Abb. 1. Reihenresonanzkreis.

Unter dem Ausdruck Resonanz versteht man die Bedingung:

$$\omega L = \frac{1}{\omega C} \text{ oder } \omega L - \frac{1}{\omega C} = 0; \quad \omega^2 = \frac{1}{LC}; \quad 2\pi f = \frac{1}{\sqrt{LC}}; \quad f = \frac{1}{2\pi\sqrt{LC}}, \tag{6}$$

d. h. die Zahlwerte der beiden Blindwiderstände, von den Vorzeichen abgesehen, sollen einander gleich sein. Nach der Gl. (4) ist dann der Zahlwert der Differenz gleich Null und der Ausdruck Gl. (5) erhält die einfache Form:

$$I_{\text{res}} = \frac{U_b}{R} \quad \left(\text{für } \omega L = \frac{1}{\omega C}\right). \tag{7}$$

Unabhängig von den Einzelgrößen L und C nimmt dann der Strom I den Betrag I_{res} an, der den im Kreise vorhandenen Wirkwiderständen entspricht.

1*

Sind die Betriebsspannung U_b und der Strom I_{res} gemessen, so läßt sich aus der Gl. (7) der Wirkwiderstand R berechnen, der im Resonanzkreis vorhanden ist. Der Anteil R_L oder R_C oder andere auftretende Wirkwiderstände sind aus einer Messung nach Gl. (7) im einzelnen nicht zu bestimmen, sondern nur der Gesamtwiderstand, dessen Feststellung aber nach diesem einfachen Verfahren einwandfrei und für viele Zwecke wichtig ist.

Da der Strom I_{res} beide in Reihe liegende Blindwiderstände durchfließt, müssen die Gl. (3) erfüllt sein, es muß sein:

$$U_{res} = I_{res}\,\omega L = -I_{res}\frac{1}{\omega C}. \tag{8}$$

Da nach Gl. (7) $U_b = I_{res} \cdot R$, so folgt hieraus und aus Gl. (8):

$$\left.\begin{aligned} &U_{res} = U_b\frac{\omega L}{R}; \qquad \left(\omega L = \frac{1}{\omega C}\right)^{*} \\ &\qquad\qquad \text{oder} \\ &\frac{U_{res}}{U_b} = \frac{\omega L}{R} = \frac{1}{R}\sqrt{\frac{L}{C}}. \end{aligned}\right\} \tag{9}$$

Der Ausdruck U_{res}/U_b gibt das Maß der Spannungsverstärkung an. Die Resonanzspannung U_{res} kann sehr hohe Werte gegen die Betriebsspannung U_b erreichen, wenn der Zahlwert ωL groß gegen R ist. Wegen der Beziehung $\omega L = 1/\omega C$ im Resonanzfall kann der Ausdruck $\omega L/R$ auch in der angegebenen Wurzelform geschrieben werden, wobei L und C die Resonanzwerte der Induktivität bzw. der Kapazität sind. Die Spannungsverstärkung ist also um so größer, je kleiner der Wirkwiderstand R und je größer das Verhältnis L/C wird. In Hochfrequenzkreisen können diese Bedingungen weit besser erfüllt werden als in Mittel- und Niederfrequenzkreisen; die Spannungsverstärkung kann dort leicht auf den Betrag 150 und mehr gebracht werden, in Mittelfrequenzkreisen bleibt sie kleiner und in Niederfrequenzkreisen ist sie sehr viel geringer.

Der Strom I wächst in gleichem Maße wie die Spannung U_L, sobald Resonanz eintritt; weil aber das Anwachsen der Spannung (und nicht des Stromes) den eigentlichen praktischen Wert hat, erhielt die Erscheinung und die Schaltung den Namen Spannungsresonanz.

Die plötzliche Zunahme der Spannung bzw. des Stromes bei Eintritt der Resonanz nennt man Abstimmung; die Abstimmung wird um so schärfer (es ist falsch zu sagen: die Resonanz wird schärfer, obgleich dies der gebräuchliche Ausdruck geworden ist), je größer die Spannungsverstärkung ist, d. h. die Resonanzschärfe wird nach dem Verhältnis $\frac{\omega L}{R}$ bzw. $\frac{1}{R}\sqrt{\frac{L}{C}}$ gemessen. Ist $\omega L < R$, so wird die Abstimmung gering, und die Resonanzspannung wird kleiner als die Betriebsspannung. — Bleibt der Betrag des Wirkwiderstandes ungeändert, so wächst die Resonanzspannung proportional der Induktivität und der Frequenz,

* Das negative Vorzeichen wird in der Folge weggelassen, wenn nur die Beträge selbst festgelegt werden sollen; das negative Vorzeichen bedeutet nur Phasenverschiebungen um 180°.

umgekehrt proportional der Kapazität; die Beibehaltung eines festen Wertes R ist allerdings sehr schwer, sobald Frequenz, Induktivität oder Kapazität eine Änderung erfahren.

Wird der Strom I bzw. die Spannung U an der Induktivität oder Kapazität als Funktion der Induktivität oder Kapazität aufgenommen, so entsteht eine Resonanzkurve (vgl. Abb. 11). Die Theorie der Resonanzkurven ist umfangreich und kann hier nicht ausführlich behandelt werden, ihre Erörterung wird nur so weit geführt, wie es zum Verständnis der später erläuterten Versuche notwendig ist. — Sollen Resonanzkurven von Stromkreisen mit verschiedenen L, C und R bei verschiedenen Frequenzen miteinander verglichen werden, so scheidet die Darstellung nach Abb. 11 aus. Man trägt vielmehr auf der Ordinate nur Strom- bzw. Spannungsverhältnisse, auf der Abszisse Verhältnisse von Kapazitäten, Induktivitäten oder auch von Frequenzen auf; dann lassen sich die so entstehenden Resonanzkurven miteinander vergleichen, und es kann aus ihnen ein Bild über den Charakter der zugehörigen Stromkreise gewonnen werden. Für alle folgenden Versuche ist es am einfachsten, die Kapazität als unabhängige Veränderliche zu wählen, so daß also die Kurve die Gleichung erhält:

$$\frac{U}{U_{\text{res}}} = \frac{I}{I_{\text{res}}} = f\left(\frac{C}{C_{\text{res}}}\right). \tag{10}$$

Hierin bedeuten U_{res}, I_{res} und C_{res} die Werte U, I und C, für welche die Gl. (8) erfüllt ist; die übrigen Werte U und I verändern ihren Betrag nach dem eingestellten Wert C, der entweder kleiner oder größer als C_{res} wird. In ersterem Fall ist das Verhältnis C/C_{res} kleiner, im letzteren Falle größer als 1, während das Verhältnis U/U_{res} bzw. I/I_{res} nicht größer als 1 werden kann. Die Formen der Resonanzkurven nach Abb. 11 sind danach in die Formen der Abb. 12 übergegangen, ihre gegenseitige Lage ist vertauscht.

Je steiler die Flanken der Resonanzkurve abfallen, um so „schärfer" ist die Abstimmung (Resonanzschärfe); es zeigt also die Kennlinie *1* in Abb. 12 eine größere Resonanzschärfe an als die Kennlinie *2*. Der Grad der Flankensteilheit wird durch das Verhältnis I_{res}/I bestimmt. Nach Gl. (7) ist:

$$I_{\text{res}} = \frac{U_b}{R} \quad \text{und nach Gl. (5):} \quad I = \frac{U_b}{\sqrt{R^2 + \left(\omega L - \frac{1}{\omega C}\right)^2}}.$$

Wird die erste Gleichung durch die zweite dividiert, so erhält man:

$$\frac{I_{\text{res}}}{I} = \frac{\sqrt{R^2 + \left(\omega L - \frac{1}{\omega C}\right)^2}}{R} = \sqrt{1 + \frac{\left(\omega L - \frac{1}{\omega C}\right)^2}{R^2}} = \sqrt{1 + \frac{(\omega^2 LC - 1)^2}{R^2 \omega^2 C^2}}.$$

Hierin ist $\omega = 2\pi f$ ein Festwert, denn f ist die Frequenz der Betriebsspannung U_b; $L = L_{\text{res}}$ soll ebenfalls einen festen Wert haben, während die Kapazität C von $C = 0$ über $C = C_{\text{res}}$ zu dem Betrag $C \gg C_{\text{res}}$ anwächst. Weil nach Gl. (6) $\omega^2 L C_{\text{res}} = 1$, so läßt sich die letzte Wurzel anders schreiben, und es wird:

$$\frac{I_{\text{res}}}{I} = \sqrt{1 + \frac{\omega^2 L^2 (C - C_{\text{res}})^2}{R^2 C^2}} = \sqrt{1 + \frac{1}{R^2} \frac{L_{\text{res}}}{C_{\text{res}}} \frac{(C - C_{\text{res}})^2}{C^2}}.$$

Für $C = 0$ wird der Ausdruck $(C - C_{res})^2/C^2$ unendlich, d. h. der Strom I wird gleich Null. Im anderen Fall $C \gg C_{res}$ nähert sich der Ausdruck dem Wert 1, und weil der Ausdruck $\frac{1}{R^2} \frac{L_{res}}{C_{res}}$ immer groß gegen 1 ist, so wird:

$$\frac{I_{res}}{I} \cong \frac{1}{R} \sqrt{\frac{L_{res}}{C_{res}}} \quad \begin{cases} C \gg C_{res} \\ \omega^2 = \dfrac{1}{L_{res} C_{res}}. \end{cases} \tag{11}$$

Mit wachsendem C wird also das Stromverhältnis gleich dem Ausdruck, der bereits in Gl. (9) gefunden wurde, d. h. $= U_{res}/U_b$. Das ist einleuchtend, weil mit wachsendem C der Blindwiderstand von C sich dem Wert Null nähert und endlich die gesamte Betriebsspannung an dem Blindwiderstand ωL liegt, wenn der Wirkwiderstand zu vernachlässigen ist. — Mit wachsendem C nähert sich daher das Verhältnis I_{res}/I und ebenso U_{res}/U einem festen Wert, d. h. die Resonanzkurve verläuft parallel der Abszisse; die Größe ihrer Annäherung zur Abszisse hängt vom Wurzelausdruck (11) ab. — In der Nähe des Resonanzpunktes und auf der linken Seite desselben ist die Beziehung zwischen Resonanzwert und Einzelwert I bzw. U nicht ganz so einfach, aber die Abhängigkeit der Resonanzschärfe vom Wurzelausdruck bleibt auch hier bestehen.

Eine einfache Überlegung ohne mathematische Ableitungen erklärt auch, daß die Abstimmungsschärfe mit dem Verhältnis L/C zunehmen muß: Kleine Induktivitäten und große Kapazitäten bedingen kleine Blindwiderstände, die sich in Reihenschaltung noch vermindern; wird ein bestimmtes R vorausgesetzt, so verschwinden schließlich die Blindwiderstände gegen den Wirkwiderstand und es wird gleichgültig, ob Resonanz vorhanden ist oder nicht: Die Stromstärke hängt im wesentlichen nur noch von R ab.

Der reziproke Wert des Wurzelausdrucks Gl. (11) bzw. Gl. (9) spielt bei abklingenden Wechselströmen, die dann in einem Resonanzkreise nach Abb. 1 auftreten, wenn der Kondensator C einmal geladen worden ist (gedämpfter Schwingungskreis), eine wesentliche Rolle. Es heißt:

$$\vartheta = \pi R \sqrt{\frac{C}{L}} \tag{12}$$

das logarithmische Dekrement des Kreises, das für die Abnahme der Stromamplitude bestimmend ist[1]. Für alle folgenden Messungen und Versuche ist die

[1] Die Ableitung sei hier kurz angegeben. Sind I_1 und I_2 die Amplituden des Stromes zu der Zeit t bzw. $t + T$, wo T die Zeitdauer einer Periode ist, so wird, wenn die Anfangsamplitude mit I_0 bezeichnet ist:

$$I_1 = I_0 e^{-\frac{R}{2L} t} \sin \omega t \quad \text{und} \quad I_2 = I_0 e^{-\frac{R}{2L}(t+T)} \sin \omega t .$$

Dividiert man den ersten Ausdruck durch den zweiten, so erhält man als das Verhältnis der aufeinanderfolgenden Amplituden:

$$\frac{I_1}{I_2} = e^{\frac{R}{2L} T} \quad \text{und da} \quad T = 2\pi \sqrt{LC},$$

so wird

$$\frac{I_1}{I_2} = e^{\vartheta} \quad \text{für} \quad \vartheta = \pi R \sqrt{\frac{C}{L}} .$$

Benutzung des Ausdruckes in Gl. (9) zweckmäßiger als die Angabe des Dekrements, weil abklingende Vorgänge hier nicht behandelt werden, doch ist die Berechnung und Angabe des Dekrementes für alle Resonanzkreise so gebräuchlich geworden, und man verbindet mit ihm eine so feste Vorstellung, daß in der Folge beide Ausdrücke genannt werden sollen. Sie stehen zueinander in der Beziehung:

$$\frac{1}{R}\sqrt{\frac{L}{C}} = \frac{\pi}{\vartheta} = \frac{U_{res}}{U_b}. \tag{13}$$

Je größer also das Dekrement und je kleiner $\frac{1}{R}\sqrt{\frac{L}{C}}$ ist, um so kleiner wird die Resonanzschärfe, um so flacher verläuft die Resonanzkurve. —

Die hier kurz erläuterten Gesetze der Reihenresonanz haben heute in der Funktechnik eine große praktische Bedeutung erlangt. Ein auf die Senderfrequenz abgestimmter Antennenkreis z. B. arbeitet nach den Gesetzen der Spannungsresonanz, indem das am Orte der Antenne herrschende Strahlungsfeld des Senders in die Antenne eine (schwache) Betriebsspannung induziert; durch Resonanz wird erreicht, daß die induzierte Betriebsspannung nur auf den Wirkwiderstand der Empfangsschaltung zu arbeiten braucht, der also möglichst klein zu halten ist. An der Spule des Antennenkreises kann dann eine Resonanzspannung entstehen, die schon hundertfache Werte der Betriebsspannung hat. — Eine sog. Rahmenantenne spricht auf das magnetische Feld[1] des Senders an, die induzierte Betriebsspannung beträgt, wie eine Rechnung zeigt, nur Bruchteile der Spannung, die in eine Hochantenne induziert wird; da jedoch die Wirkwiderstände des Rahmens weit kleiner gehalten werden können als die einer Hochantenne, so können trotzdem die Resonanzspannungen gleiche Werte erreichen wie bei jener. — Ein Wellenmesser oder ein geschlossener Resonanzkreis, der durch das Spulenstreufeld eines Hochfrequenzgenerators angestoßen wird, arbeitet ebenfalls nach den Gesetzen der Spannungsresonanz (Abb. 2).

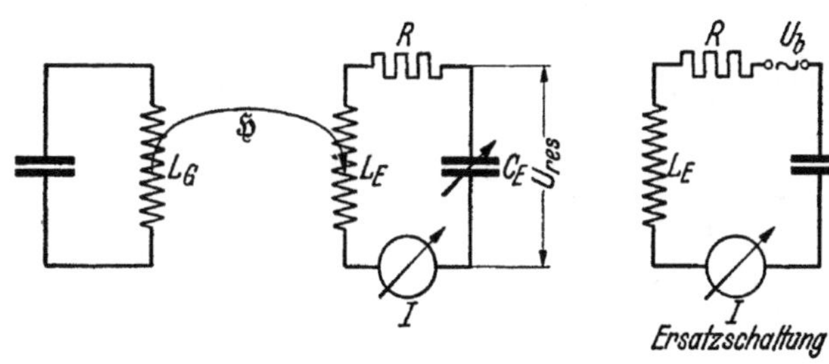

Abb. 2. Erregung eines Hochfrequenz-Reihenresonanzkreises durch ein magnetisches Wechselfeld $\mathfrak{H}$.

[1] So wird der Rahmenempfang im allgemeinen physikalisch gedeutet, doch läßt sich die Rahmenwirkung auch ebensogut durch die Phasenverschiebung des elektrischen Feldes in den beiden senkrechten Leitern des Rahmens, die dann als Antennen anzusehen sind, erklären; auch rechnerisch folgt das gleiche Ergebnis. — Die Feldstärke ferner Sender am Ort einer Empfangsantenne wird in Millivolt/Meter angegeben. Die Feldstärke eines Ortssenders, z. B. Berlin-Tegel, beträgt in 10 km Entfernung vom Sender etwa 100 mV, die Feldstärke eines Fernsenders ist weit kleiner, die Größenordnung ist 1 mV. — Das Wechselfeld induziert in die Hochantenne oder den Rahmen die Betriebsspannung des Empfängerkreises, die beim Rahmen entsprechend der Anschauung, daß er aus zwei kleinen Stabantennen besteht, nur gering gegenüber einer hochgeführten Antenne sein kann.

Ist L_G die Spule des Generators, die das anstoßende Feld $\mathfrak{H}$ erzeugt, L_E die Spule des angestoßenen Kreises, so wird in diese Spule die Betriebsspannung U_b induziert, die gleich bleibt, ob nun Resonanz vorhanden ist oder nicht. Wird der Kreis durch den veränderbaren Kondensator C_E auf Abstimmung gebracht, so wächst der Strom I plötzlich stark und an der Spule L_E bzw. am Kondensator C_E entstehen die entgegengesetzt gleichen Resonanzspannungen. Der nebengezeichnete Kreis gibt die Ersatzschaltung an (vgl. S. 35) und zeigt, daß die Betriebsspannung in gleicher Weise wirksam ist wie in Abb. 1.

Es ist physikalisch völlig gleichgültig, in welcher Weise die Betriebsspannung induziert wird, ob magnetisch oder elektrisch oder elektromagnetisch durch Strahlung, die später erläuterten Versuche benutzen alle 3 Arten der Erregung.

III. Die Parallelresonanzschaltung (Stromresonanz).

Die zweite von Bedeutung gewordene Zusammenschaltung von Induktivität und Kapazität entsteht, wenn beide Blindwiderstände parallel gelegt werden (Abb. 3), zu denen dann ihr Wirkwiderstand R_L bzw. R_C je in Reihe liegt. Werden die Wirkwiderstände zunächst vernachlässigt, so läßt sich der sich aus den einzelnen Blindwiderständen ergebende Gesamtblindwiderstand aus den Einzelleitwerten leicht berechnen. Es ist:

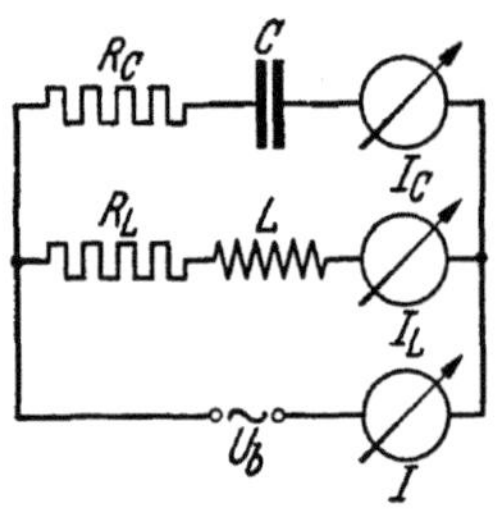

Abb. 3. Parallelresonanzkreis.

$$\frac{1}{\mathfrak{R}} = \frac{1}{\mathfrak{R}_L} + \frac{1}{\mathfrak{R}_C} = \frac{1}{\omega L} - \omega C = \frac{1 - \omega^2 L C}{\omega L}$$

und daher:

$$\mathfrak{R} = \frac{\omega L}{1 - \omega^2 L C} = \frac{\mathfrak{R}_L}{1 - \frac{\mathfrak{R}_L}{\mathfrak{R}_C}}. \tag{14}$$

Im Resonanzfall $\omega^2 L C = 1$ wird im Gegensatz zum Reihenresonanzkreis, dessen Widerstand Null wurde, der Widerstand $\mathfrak{R} = \infty$ und daher der „äußere" Strom I Null, der im übrigen stets durch die Gleichung gegeben ist:

$$I = I_L - I_C. \tag{15}$$

Beim Überschreiten des Resonanzpunktes wechselt I sein Vorzeichen, d. h. der Strom hat stets das Vorzeichen des kleineren Einzel-Blindwiderstandes. Die Zweigströme I_L und I_C verhalten sich so, als ob der Strom im anderen Zweig nicht vorhanden wäre, sie sind beim Resonanzfall im Zahlwert einander gleich, und daher ist ihre Summe im äußeren Stromkreis Null. Eine Abstimmung auf ein Strommaximum wie in dem Aufbau der Abb. 1 ist nicht möglich; wird z. B. L Null, so wird I_L unendlich, das gleiche findet unter Phasenwechsel statt für I_C, wenn $C = \infty$ wird. Eine „Abstimmung" ergibt sich nur im äußeren Kreis auf Null, während eine Resonanzspannung nicht auftritt.

Diese Ergebnisse erfahren in der Praxis eine Einschränkung, weil L und C stets mit Wirkwiderständen behaftet sind, so daß die Gl. (14) nicht mehr gilt.

Die Berechnung des resultierenden Widerstandes ist an anderer Stelle[1] gegeben, er ist im Falle der Resonanz:

$$R_{res} = \frac{\mathfrak{R}_L^2}{R_{kr}} = \frac{(\omega L)^2}{R_{kr}}; \quad R_{kr} = \Sigma R \qquad (\text{nur gültig für } \omega L \gg R_{kr}). \quad (16)$$

Hierin ist R_{kr} die Summe aller im Kreise vorhandenen Wirkwiderstände. Die Untersuchung zeigt, daß der Widerstand R_{res} ein reiner Wirkwiderstand ist, dessen Betrag stets sehr groß ist. Der Strom im äußeren Kreis ist daher klein und ein reiner Wirkstrom, der „äußere" Blindstrom ist also Null. In den Einzelzweigen (innerer Kreis) fließen starke Blindströme, die aber an dem Widerstand R_{kr} reelle Leistung verbrauchen. Da die gelieferte Leistung und die verbrauchte Leistung einander gleich sein müssen, so muß die Beziehung gelten:

$$I^2 \cdot R_{res} = I_{res}^2 \cdot R_{kr}; \qquad (I_{res} = I_L = -I_C)$$

oder

$$\frac{I^2(\omega L)^2}{R_{kr}} = I_{res}^2 \cdot R_{kr}; \qquad I^2 : I_{res}^2 = R_{kr}^2 : (\omega L)^2;$$

es wird also:

$$I : I_{res} = R_{kr} : \omega L; \qquad \text{gültig, wenn } \omega L \gg R_{kr}. \quad (17)$$

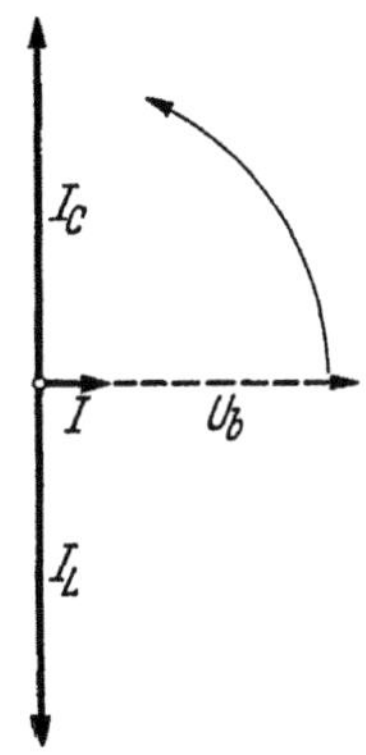

Abb. 4. Stromphasen eines Parallelresonanzkreises, bezogen auf die Phase der Betriebsspannung U_b.

Der Strom im Kreis ist um $\omega L / R_{kr}$ größer als der äußere Strom.

In Abb. 4 ist das Phasenbild der Ströme und der Spannung U_b im Resonanzzustand gegeben. Der Blindstrom I_C eilt der Betriebsspannung U_b um 90° vor, der Blindstrom I_L um 90° nach, der kleine Wirkstrom I ist mit U_b in Phase. Der Blindstrom im äußeren Kreis ist Null, die Energie pendelt im „Schwingungskreis", ist in den Grenzphasen als magnetisches oder elektrisches Feld aufgespeichert, und der äußere Strom I hat nur die Verluste zu decken, die die Schwingungsströme an den Wirkwiderständen verursachen. — Außerhalb der Resonanz wächst der Blindstrom im äußeren Kreise stark an, im inneren Kreise verhalten sich die Ströme etwa in gleicher Weise wie im Idealfall beschrieben ($R_{kr} = 0$), die durch die Wirkwiderstände hineingebrachte Abweichung ist im allgemeinen nur klein.

Die einfache Schaltung nach Abb. 3 besitzt keinerlei technische Bedeutung, sie wird erst wichtig, wenn in Reihe zum Resonanzkreis ein Ohmscher Widerstand R geschaltet ist (Abb. 5). Es ist dann zu untersuchen, wie groß die Spannung U an L bzw. an C wird und welche Folgen daraus für die Ströme I, I_L und I_C eintreten. Eine allgemeingültige Formel sei nicht abgeleitet, es wird anschaulicher, eine Übersicht und anschließend ein Zahlenbeispiel zu geben.

[1] Vgl. „Die Dreielektrodenröhre und ihre Anwendung", Heft 15 dieser Sammlung, S. 72. — Eine andere Ableitung gibt W. Spreen. Vgl. W. Spreen: Die physikalischen Grundlagen der Radiotechnik. S. 71/72. Berlin: Julius Springer 1925.

Ist Resonanz vorhanden, so sind die Spannungen am Widerstand R $(= U_R)$ und am Kreis $(= U_{\text{res}})$ einfach zu addieren, es ist:

$$U_b = U_R + U_{\text{res}} \quad \text{und} \quad I = \frac{U_b}{R + R_{\text{res}}}. \tag{18}$$

Ist U_R klein gegen U_{res}, so ist der Spannungsverlust an R nicht groß (vgl. die Messungen S. 79), es liegt der größte Teil der zur Verfügung stehenden Spannung am Kreis; im Grenzfall wird $U_{\text{res}} = U_b$. Nach den Gl. (3) ist dann, wenn die Wirkwiderstände im Kreise Phase und Betrag des Stromes I_{res} nur wenig beeinflussen, der Betrag:

$$I_{\text{res}} = \frac{U_{\text{res}}}{\omega L} = U_{\text{res}}\, \omega C. \tag{19}$$

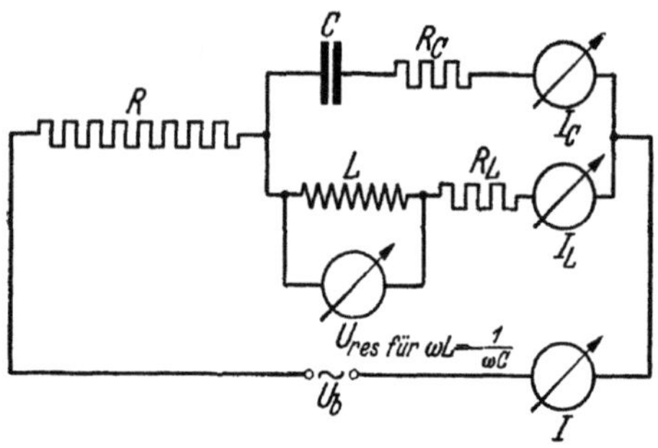

Abb. 5. Parallelresonanzkreis mit vorgeschaltetem äußerem Widerstand R.

Sobald aber die Resonanz verlassen wird, fällt der Widerstand des Kreises ab, er wird außerdem im wesentlichen ein Blindwiderstand, und es überlagert sich dem äußeren Wirkstrom ein Blindstrom, der erheblich größer ist als vorher der Wirkstrom I. Der Blindstrom ruft aber an dem Widerstande R jetzt einen großen Spannungsabfall hervor, die Verlustspannung U_R ist stark angewachsen, die Spannung U_L bzw. U_C daher gefallen; es müssen daher auch die Ströme I_L und I_C gegenüber dem Wert I_{res} gefallen sein. Es hat sich allerdings bei der Verstimmung der Wert L oder C geändert, wenn f konstant ist; wird z. B. C geändert, so ist im Falle der Verstimmung zu höheren Werten die Kapazität C größer geworden, der Strom I_C müßte daher eine Zunahme erfahren haben. Wenn aber die Abnahme der Spannung U_C größer ist als die Abnahme des Widerstandes $1/\omega C$, so tritt trotzdem ein Fallen des Stromes I_C gegenüber dem früheren Wert I_{res} ein; im gleichgebliebenen Induktivitätszweig fällt infolge der gefallenen Spannung der Strom ebenfalls. Die beschriebenen Verhältnisse treten nur ein, wenn der Widerstand R hinlänglich große Werte gegen den Blindwiderstand $\mathfrak{R}$ des Kreises außerhalb der Resonanz erreicht. Wird dies zur Voraussetzung gemacht, so zeigt sich, daß entgegen den früheren Ergebnissen der Resonanzkreis jetzt wie bei der Schaltung Abb. 1 abstimmbar wird, sobald die Resonanzbedingung erfüllt ist, und zwar sowohl für die Spannung wie für den Strom. Es wird:

$$\left.\begin{aligned} U_{\text{res}} &= U_b - U_R \\ \text{und} \quad I_{\text{res}} &= U_{\text{res}}/\omega L = U_{\text{res}}\, \omega C \end{aligned}\right\} = \max. \tag{20}$$

Die Resonanzspannung bleibt im Gegensatz zu den Erscheinungen der Reihenresonanzschaltung stets kleiner als die Betriebsspannung, der Resonanzstrom wächst entsprechend den Gl. (3) umgekehrt proportional den Blindwiderständen.

Der starke Strom im Resonanzkreis im Verhältnis zu dem geringen Strom im äußeren Kreise durch den Widerstand R ist hier das charakteristische Merkmal, und daher wurde die Schaltung **Stromresonanzschaltung** genannt, trotzdem der Resonanzstrom bei der Reihenresonanzschaltung unverhältnismäßig höhere Werte erreichen kann, im theoretischen Grenzfall sogar unendlich wird, während bei Stromresonanz der theoretische Grenzwert (für $R_{\text{res}} = \infty$) nur $I_{\text{res max}} = U_b/\omega L$ ist.

Die im Resonanzkreis am Wirkwiderstand R_{kr} verbrauchte Leistung ist $U_{\text{res}} I = I_{\text{res}}^2 \cdot R_{\text{kr}}$. Es ist von Wichtigkeit zu wissen, wann diese Leistung für einen gegebenen Wert R ein Maximum wird, worüber eine leichte Rechnung Aufschluß gibt. Es ist:

$$N = U_{\text{res}} I = U_b I - I^2 R.$$

Durch Differentiieren dieser Gleichung nach I ergibt sich die Gleichung:

$$U_{\text{res}} = U_b - 2RI.$$

Soll die Größe $U_{\text{res}} \cdot I$ ein Maximum haben, so muß die zweite Gleichung gleich Null gesetzt werden, d. h. es ist:

$$U_b = 2RI \quad \text{oder} \quad U_R = RI = \tfrac{1}{2} U_b, \quad \text{wenn} \quad N = I_{\text{res}}^2 \cdot R_{\text{kr}} = \text{max.} \tag{21}$$

Der Spannungsverlust am Widerstand R muß gleich der Hälfte der Betriebsspannung, d. h. die **Widerstände R und R_{res} müssen einander gleich sein.**

Durch Abgreifen an der unterteilten Spule L (vgl. Abb. 6) läßt sich die Forderung der Gl. (21) mehr oder weniger gut erfüllen, wobei die Gl. (6) in die Gleichung

$$\omega(L_a + L_b) = \frac{1}{\omega C} \quad \text{für} \quad \omega L_a \gg R_{\text{kr}} \tag{22}$$

übergehen muß, wenn die erläuterte Theorie gelten soll. Der Widerstand des Kreises R_{res} geht dann über in die Form [vgl. Gl. (16)]:

$$R_{\text{res}} = \frac{(\omega L_a)^2}{R_{\text{kr}}} \quad \text{für} \quad \omega L_a \gg R_{\text{kr}}. \tag{23}$$

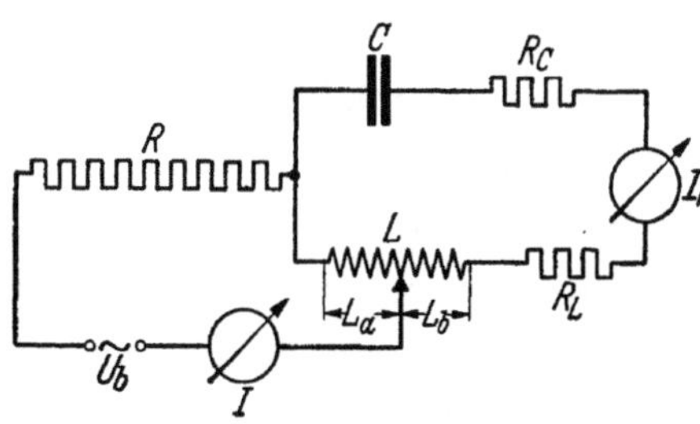

Abb. 6. Anpassung des Parallelresonanzkreises an den äußeren Widerstand R.

In Niederfrequenzkreisen ist eine gute Einstellung des Widerstandes R_{res} auf größtmöglichen Leistungsverbrauch in ihm, d. h. also im Resonanzkreis, kaum erreichbar; in Resonanzkreisen für hohe Frequenzen treten in dieser Beziehung technische Schwierigkeiten nicht ein.

Es mag noch eine numerische Rechnung als Beweis dafür folgen, daß in dem nach Abb. 5 geschalteten Resonanzkreis Abstimmung eintritt, wenn der Widerstand R genügend groß wird. Als Rechengrößen mögen Zahlenwerte für Induktivität und Kapazität genommen werden, wie sie angenähert im zweiten Abschnitt als Versuchsgrößen auftreten. — Es sei die Resonanzfrequenz $f =$ 50 Hertz (Netzfrequenz), die Induktivität betrage 0,506 Hy (also sehr nahe 0,5 Hy), die Kapazität 20 μF, der Wirkwiderstand R_{kr} des Kreises sei 1 Ohm (ein praktisch nicht herstellbarer, viel zu niedriger Wert, der aber der bequemen Rechnung zuliebe gewählt ist), der äußere Widerstand R betrage 1000 Ohm. Dann wird der Resonanzwiderstand R_{res} etwa 25000 Ohm [Gl. (16)], die Forderung $\omega L (= 159$ Ohm$) \gg R_{\mathrm{kr}}$ $(= 1$ Ohm$)$ ist gut erfüllt. Die Betriebsspannung sei 220 Volt, so daß $I = 220/(1000 + 25000) = 0{,}0085$ Amp ist. Der Spannungsverlust U_R beträgt 8,5 Volt und die Resonanzspannung $U_{\mathrm{res}} = 211{,}5$ Volt. Bei Vernachlässigung der kleinen Wirkwiderstände im Resonanzkreis ist daher nach Gl. (3) der Resonanzstrom $211{,}5/159 = 1{,}33$ Amp. Wird die Kapazität um 2 μF größer gewählt, wobei die Induktivität gleichbleibt, so ist der Widerstand $\mathfrak{R}$ nach Gl. (14) etwa —1590 Ohm; das negative Vorzeichen bedeutet nur, daß der Strom und der Widerstand kapazitätsbestimmt sind. Der Widerstand ist etwa um das 17fache gesunken und außerdem ein reiner Blindwiderstand geworden (von kleinen Fehlern abgesehen). Die Spannungen U_R und U_C stehen aufeinander senkrecht, desgleichen die Widerstände R und $\mathfrak{R}_C$. Es ist:

$$\mathfrak{Z} = \sqrt{R^2 + \mathfrak{R}_C^2} = \sqrt{1000^2 + 1590^2} = \backsim 1890 \text{ Ohm},$$

$$\sin\varphi = \frac{1590}{1890}; \qquad \cos\varphi = \frac{1000}{1890},$$

$$U_R = U_b \cos\varphi; \qquad U_C = U_b \sin\varphi$$

und daher

$$U_R = 116 \text{ Volt}; \qquad U_C = 185 \text{ Volt}.$$

Nach Gl. (3) berechnet sich der Strom I_C zu $185/144{,}7 = 1{,}28$ Amp; trotz der Erhöhung der Kapazität ist also der Strom im Kapazitätszweig des Resonanzkreises gefallen. Im Induktivitätszweig muß der Strom I_L ebenfalls kleiner geworden sein, da ja der Induktivitätswert gleichgeblieben, die Spannung $U_C = U_L$ von 211,5 auf 185 Volt gesunken ist; der Strom I_L ist auf 1,165 Amp gefallen. Wird die Kapazität um 2 μF nicht vergrößert, sondern verkleinert, so fällt der Strom I_C schneller, weil nach Verstimmung der Kapazitätswert nur noch 18 μF beträgt. Werden die Verstimmungen größer, so tritt ein stärkerer Stromabfall ein, die Abstimmung zeigt sich besser. — Rechnet man mit kleineren Widerständen R, so nimmt im Kapazitätsstromkreis bei Verstimmung der Strom zunächst noch zu und fällt erst bei höheren Verstimmungen, wie eine der oben durchgeführten Rechnung entsprechende Herleitung zeigen würde. Da im Induktivitätszweig infolge der fallenden Spannung U_L sofort ein Fallen des Stromes einsetzt, so treten die Maxima nicht gleichzeitig auf, was um so stärker merklich wird, je kleiner die Widerstände R und je größer die Wirkwiderstände R_{kr} sind, die bei größeren Werten (z. B. nicht 1 Ohm, sondern 10 Ohm) die Rechnung weniger anschaulich machen; an der Erscheinung jedoch und an der Tatsache der Abstimmung ändert sich nichts, wenn nicht die Verhältnisse ganz ungewöhnlich werden.

Zu der Schaltung nach Abb. 6 ist noch hervorzuheben, daß die Spulenspannungen an der ganzen Spule L entsprechend der Gl. (3) wieder erheblich größer werden können als die Betriebsspannung, die Teilspannung U_{res} an L_a unterliegt hier den Gesetzen gemäß Gl. (20).

Auch in Stromresonanzschaltung lassen sich Resonanzkurven aufnehmen (sobald ein äußerer Widerstand R vorhanden ist), die aber von den Spannungsresonanzkurven gänzlich wesensverschieden sind. Letztere geben eindeutig Auskunft über den Charakter des Kreises, erstere dagegen nehmen je nach dem Betrag des Widerstandes R ganz verschiedene Formen für den gleichen Kreis an; sie entstehen nur dadurch, daß die „Betriebsspannung" (hier = Spannung am Kreise, nicht U_b) ihren Wert dauernd ändert, während bei Reihenresonanzaufnahmen gerade als Vorbedingung gilt, daß die Betriebsspannung ihren Wert beibehält; im anderen Fall erhält man falsche Kennlinien. Unter der „Resonanzkurve eines Kreises" ist daher stets die Reihenresonanzkurve zu verstehen; ist im folgenden eine Parallelresonanzkurve gemeint, so wird ausdrücklich darauf hingewiesen.

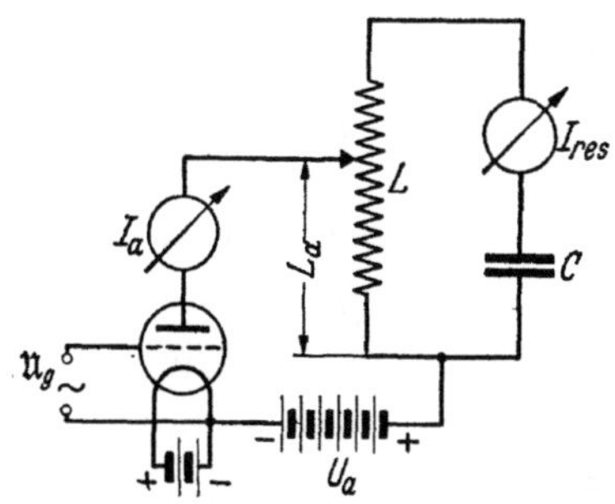

Abb. 7. Schaltung eines Röhrengenerators als Parallelresonanzkreis.

Die Stromresonanzschaltung nach den Abb. 5 und 6 hat in der Erregungsschaltung eines Schwingungskreises durch die Elektronenröhre eine große Bedeutung erhalten (Abb. 7). Die Betriebsspannung (Wechselspannung) ist durch den Ausdruck $\mathfrak{U}_g/D$ gegeben, wo $\mathfrak{U}_g$ die Gitterwechselspannung und D der Durchgriff der Röhre ist. Die Rolle des Widerstandes R vertritt der innere Widerstand der Röhre R_i, der Resonanzkreis wird an die Röhre gemäß Abb. 6 angekoppelt, um nach erläuterter Art der Röhre die größtmögliche Wechselstromleistung entnehmen zu können. Der Anodenwechselstrom (Wirkstrom) ist dem Anodengleichstrom I_a übergelagert und im Verhältnis zum Resonanzstrom I_{res} (Blindstrom, in der Technik Schwingkreisstrom genannt) klein; für das Verhältnis beider Wechselströme gilt die Gl. (17), wobei für L die Teilinduktivität L_a tritt. Die Betriebsgleichspannung U_a der Röhre wird durch die Gittererregung in die Betriebswechselspannung $\mathfrak{U}_g/D$ umgeformt, die auf den inneren Widerstand R_i der Röhre, dem äußeren Widerstand R in Abb. 6 entsprechend, und auf den Resonanzwiderstand $R_{\text{res}} = \frac{(\omega L_a)^2}{R_{\text{kr}}}$ arbeitet. Die Wechselspannung an L_a ist also immer kleiner als die Spannung $\mathfrak{U}_g/D$. — Die Röhre kann bekanntlich fremderregt arbeiten, sie kann aber ihre Gitterwechselspannung auch durch Rückkopplung aus dem Resonanzkreis erhalten[1]. — Auch die Hochfrequenzverstärkerschaltungen in den Empfängern sind letzten Endes nichts weiter als Parallelresonanzschaltungen; es kommen auch Mischschaltungen von Reihenresonanz- und Parallelresonanzschaltungen vor.

[1] Eine strenge Übernahme der Parallelresonanzgesetze auf den Röhrengenerator ist nur dann erlaubt, wenn die Gitterwechselspannung sinusförmig verläuft und die Anodenwechselspannung ebenfalls sinusförmig ist, was in der Regel jedoch nicht der Fall ist. Nur der lineare Verstärker erfüllt diese Voraussetzung. Beim Generator sind die Anodenwechselspannungen „eckig", und die Übernahme der Parallelresonanzgesetze auf den Röhrenkreis kann dann nur angenähert erfolgen. Die Spulenwechselspannung am Generatorkreis der Röhre ist aber mit nur geringem Fehler als sinusförmig anzusehen (vgl. die auf S. 9 erwähnte Abhandlung).

Zweiter Abschnitt.

Resonanzversuche und -messungen am Wechselstromnetz.

I. Versuche und Messungen zur Reihenresonanz.

Die Apparatur ist in Abb. 8 schematisch dargestellt. Es ist zunächst ein kleiner Abspanntransformator notwendig, da die Netzspannung 220 Volt nicht benutzt werden kann; 10fache Resonanzspannungen würden schon 2200 Volt erreichen, einer so hohen Spannung können normale Geräte, insbesondere Kondensatoren, nicht ausgesetzt werden. Es ist daher notwendig, mittels des Transformators *Tr* die Betriebsspannung auf 20 Volt (und weniger, es genügen für Versuche kleineren Maßstabes 4 Volt) herabzusetzen. Als Betriebskapazität dienten Block- (Becher-) Kondensatoren in Stücken je 4 μF, geprüft für eine Wechselspannung bis 250 Volt (Gleichspannung 1500 Volt). Die regelbare Induktivität bestand aus zwei in Reihe geschalteten Spulen 500 Wdg., je etwa 2,3 Ohm, mit Eisenkern[1]. Die Induktivität wird stetig geändert, indem das Joch in Richtung des gezeichneten Pfeiles verschoben wird. Die Größe der Induktivität braucht nicht bekannt zu sein, da der Blindwiderstand $\omega L = 1/\omega C$ aus der Größe der Kapazität mit einer Genauigkeit $\pm$ 2% berechnet werden konnte; das sind die Fehlergrenzen, die im allgemeinen für Blockkondensatoren vom Hersteller angegeben werden. Als Strommesser I_{res} können für Schauversuche Lämpchen (3,5 Volt, 0,2 oder 0,3 Amp, sog. „Einwattlämpchen" für Taschenlampen) genommen werden, von denen nach Wahl der Betriebsspannung 5 bis 10 parallel geschaltet werden, wie Abb. 8 zeigt; für die Messungen ist ein Weicheiseninstrument mit einem Meßbereich bis etwa 3 Amp benutzt worden. Als Spannungsmesser können ebenfalls Weicheiseninstrumente genommen werden, wenn ihr Widerstand hinlänglich groß ist. In der beschriebenen Anordnung kam ein Röhrengleichrichter mit in Reihe geschaltetem Gleichspannungsmesser von hohem Widerstand (250000 Ohm) zur Verwendung, weil mit diesem an niederfrequenter Wechselspannung geeichten Gerät auch mittelfrequente Spannungen bis zur Frequenz etwa 10000 Hz einwandfrei gemessen werden konnten. Das Gerät ist in der Folge der Einfachheit halber (wenngleich dies dem Sinn

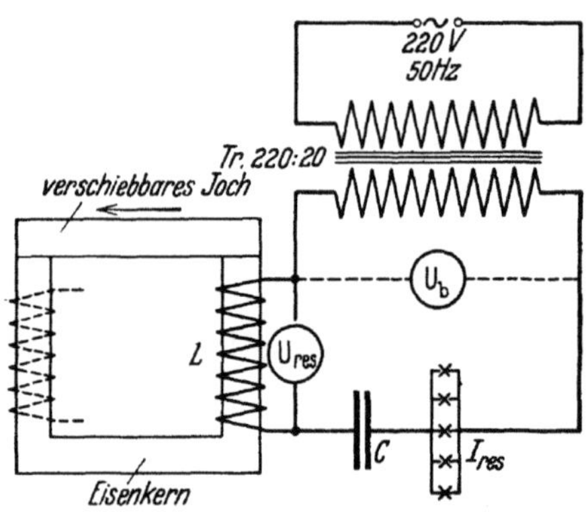

Abb. 8. Schaltanordnung für einen Niederfrequenz-Reihenresonanzkreis.

[1] Benutzt wurde der bekannte Experimentiertransformator der Firma E. Leybolds Nachf., Köln.

nicht ganz entspricht) „Röhrenvoltmeter" genannt und unten beschrieben[1]. Mit ihm wurden die Spannungen U_b und U_{res} gemessen.

In der nachstehenden Tabelle 1 sind eine Reihe von Resonanzspannungen U_{res} angegeben, die für verschiedene Kapazitätswerte C (und daher auch für ver-

[1] Das Röhrenvoltmeter (vgl. Abb. 9) besteht aus einem Galvanometer mit in Reihe geschaltetem Widerstand R_v; zu den beschriebenen Versuchen wurden die bekannten Mavometer (Gossen) benutzt. Eine vorgeschaltete Röhre (z. B. RE 134) wirkt als Gleichrichter, wobei darauf zu achten ist, daß der Widerstand des Gleichrichters klein ist gegen den Vorschaltwiderstand R_v, was durch Kurzschließen des Gitters mit der Anode der Röhre erreicht ist; selbstverständlich kann auch eine Zweipolröhre (z. B. RGN 354) benutzt werden, sie stand Verf. nicht zur Verfügung. Bei großen Widerständen ist dann die Kennlinie der Anordnung fast eine Gerade. Es ist darauf zu achten, daß der Anschluß zur Spannungsquelle am negativen Pol der Röhrenheizquelle erfolgt, weil im anderen Fall infolge der positiven Vorspannung der Heizquelle bei der Wechselspannung 0 Volt schon ein Röhrenstrom fließt, der das Ergebnis fälscht. Die Eichung der Anordnung ist in diesem Falle durch Vergleichen mit normalen Wechselspannungsinstrumenten vorgenommen worden, wobei ein Spannungsteiler benutzt wurde, um eine genügende Anzahl Unterteilungen zu erhalten. Weil sowohl kleine (bis herab zu 1 Volt) als große Wechselspannungen gemessen werden sollten, ist die Eichung für 3 Meßbereiche durchgeführt worden, und zwar bis etwa 14 Volt (Meßbereich I), bis etwa 70 Volt (Meßbereich II) und bis etwa 450 Volt (Meßbereich III). Die betreffenden Vorschaltwiderstände R_v waren 5000, 25000 und 250000 Ohm. In Abb. 10 sind zwei dieser Eichkennlinien wiedergegeben, und zwar für Meßbereich I und III; für letzteren ist die Kennlinie nur teilweise gezeichnet, weil sie, abgesehen vom Anfang, vollständig geradlinig verläuft; zur Aufnahme der Kennlinie I wurde die Netzspannung auf 20 Volt abgespannt. Für so kleine Vorwiderstände verläuft die Kennlinie nicht mehr geradlinig, so daß die Eichung für eine Reihe Punkte erfolgen muß. — Stehen keine Vergleichsinstrumente für Wechselspannung zur Verfügung, so kann die Eichung auch mit Gleichspannung vorgenommen werden. Zunächst ist hierbei zu beachten, daß jede Halbperiode, für welche die Anodenspannung der Röhre negativ wird, in der Wirkung ausfällt, das Instrument G erhält dadurch den doppelten Meßbereich, während seine Empfindlichkeit auf die Hälfte sinkt. Es ist aber außerdem zu beachten, daß bei

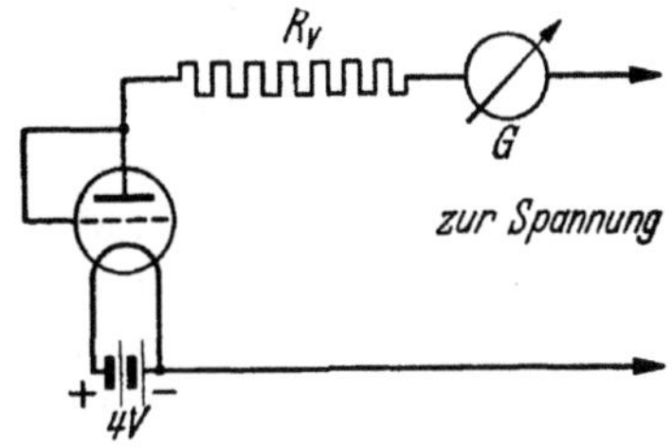

Abb. 9. Röhrengleichrichter-Wechselspannungsmesser.

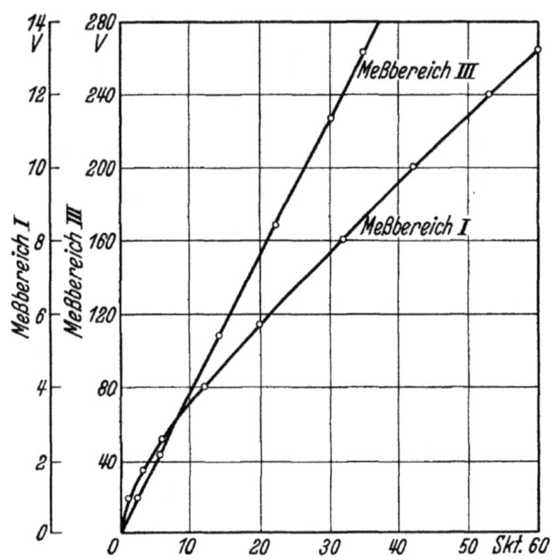

Abb. 10. Spannungskennlinien für den Wechselspannungsmesser.

schiedene Induktivitätswerte) gemessen und nach Gl. (3) berechnet wurden; die Berechnung des Gesamtwirkwiderstandes R geschieht nach Gl. (7). Die Betriebsspannung betrug 20,2 Volt und blieb konstant, weil der Widerstand der Transformatorwicklung so klein war (etwa 0,1 Ohm), daß ein merklicher Spannungsabfall nicht eintrat; das gleiche gilt für den Blindwiderstand der Wicklung.

Tabelle 1.

Resonanzspannungen bei verschiedenen Kapazitäten und Induktivitäten.
Betriebsspannung $U_b = 20{,}2$ Volt. Frequenz 50 Hz.

$C =$	Zahl der Spulen	I_{res}	$U_{res\,gem.}$	$U_{res\,ber.}$	$\Re_C$	R	U_{res}/U_b	Bemerkungen
28	1	1,87	209	213	113,7	10,8	10,34	Kern geschl.
12	2	1,09	284	289	265	18,5	14,05	„ „
22	2	2,07	295	300	144,7	9,76	14,6	Kern offen
24	2	2,16	284	286	132,7	9,35	14,05	„ „
28	2	2,45	277	279	113,7	8,24	13,8	„ „
32	2	2,64	263	263	95,5	7,66	13,0	„ „
μF	—	Amp	Volt	Volt	Ohm	Ohm	—	

Für die Aufnahme der Zeile 1 der Tabelle ist eine einzige Spule, im übrigen sind zwei in Reihe geschaltete Spulen verwendet worden. Der hohe Wirkwiderstand insbesondere der zweiten Messung erklärt sich daraus, daß der Eisenkern noch geschlossen war, so daß starke Hysteresisverluste auftraten. Bei vergrößerter Kapazität muß die Induktivität abnehmen, um Resonanz herzustellen, der Eisenkern also „offener“ werden. Schon die dritte Meßreihe zeigt diesen Vorteil (R ist nur noch etwa 9,8 Ohm), der mit den folgenden Messungen noch größer wird. Bei der praktischen Einstellung ergibt sich, daß sie bei geschlossenem Eisenkern nicht einfach ist, da die Induktivität mit der Magnetisierung einen

---

Wechselspannungen Effektivwerte gemessen werden, bei Gleichspannung galvanometrische Werte. Beide Werte stehen durch die Beziehung miteinander in Verbindung:

$$I_{eff} : I_m = 0{,}707 : 0{,}6365\,.$$

Das Verfahren kann nur im Linearitätsgebiet angewandt werden, d. h. nur für hohe Widerstände, also im Meßbereich III und mit kleiner Einschränkung auch im Bereich II; kleine Spannungen sind also durch Umrechnung nur mit Fehlern behaftet festzustellen.

Das Verfahren wurde so genau angegeben, weil mit dieser Anordnung auch die mittelfrequenten Spannungen im fünften Abschnitt festgestellt werden konnten; Rechnung und Messung ergaben gut übereinstimmende Werte. Das Verfahren besitzt außerdem noch den Vorteil, daß diese Art der Spannungsmessung nur sehr geringe Dämpfung in die Resonanzkreise hineinbringt, die gewöhnlich vernachlässigt werden kann. — Hochfrequenzspannungen lassen sich mit diesem Röhrenvoltmeter nicht bestimmen; einerseits wirken die Verbindungsdrähte als Antennen, andererseits hat aber auch die Röhre schon so viel Kapazität, daß von einer genügenden Gleichrichtung nicht mehr gesprochen werden kann.

anderen Wert annimmt: Bei Resonanz kippt der Strom plötzlich um, weil der Induktivitätswert ein anderer wird. Das fällt weg, wenn der Kern offen ist, erst dann ist eine einwandfreie Regelung möglich, die Bestand hat. Gemessene und berechnete Werte U_{res} stimmen gut überein, die Abweichungen von wenigen Volt können schon Beobachtungsfehler am Galvanometer sein. Das Spannungsverhältnis U_{res}/U_b kommt nicht weit über 14 hinaus. Gemäß der Gl. (3) müßten die Resonanzspannungen mit wachsender Kapazität abnehmen, was zunächst nicht der Fall ist, weil die Wirkwiderstände schneller abnehmen. Bei höheren Kapazitätswerten fällt die Spannung tatsächlich, doch auch nicht proportional, weil die Wirkwiderstände infolge der immer noch fallenden Eisenverluste weitere, wenn auch geringe Abnahme aufweisen. — Die durch das Eisen verursachten Wirkwiderstände können berechnet werden, da der Ohmsche Widerstand der Spulen ein Festwert ist, er beträgt je Spule etwa 2,3 Ohm, die Eisenverluste sind also zuerst weit überwiegend und weit größer als die Kupferverluste. Bei Benutzung einer Spule für den gleichen Kapazitätswert 28 μF ist der durch das Eisen hervorgerufene Wirkwiderstand erheblich größer als bei Benutzung von 2 Spulen wegen der im ersteren Fall auftretenden Hysteresisverluste; er beträgt im ersteren Fall etwa 8,5, im letzteren Fall nur etwa 3,6 Ohm. Die Wirkwiderstände der Kondensatoren sind vernachlässigbar. — Das Verhältnis Blindwiderstand : Wirkwiderstand muß etwa das gleiche sein wie das Verhältnis U_{res}/U_b, denn der Strom I_{res} erzeugt einen Spannungsabfall entsprechend den Beträgen der Widerstände.

Werden die Betriebsspannungen herabgesetzt, so fällt der Resonanzstrom entsprechend Gl. (7), im übrigen treten keine Abweichungen von den genannten Beobachtungen auf.

In der nebenstehenden Tabelle 2 ist eine Resonanzkurve bei festem Wert der Induktivität aufgenommen, während die Kapazität in der Regel in Sätzen je 2 μF geändert worden ist. Der Festwert der Induktivität fand sich zunächst in der Weise, daß für einen Kapazitätswert 22 μF der Resonanzwert L durch Verschiebung des Eisenkerns aufgesucht wurde; der Kern wurde dann mittels einer Holzzwinge festgehalten. Der Blindwiderstand der Induktivität hatte nun den Festwert $\omega L = 1/\omega C$ (für $C = 22\ \mu$F) $= 144{,}7$ Ohm. Hierauf konnte die Änderung der Kapazität vorgenommen werden, wie in der Tabelle angegeben ist. Die Spannungen U_L sind den Strömen I proportional, weil L konstant ist. Anders

Tabelle 2.

Aufnahme einer Resonanzkurve.

$L =$ konst.; $f =$ konst. $= 50$ Hz; $\omega L = 144{,}7$ Ohm. $R = 9{,}76$ Ohm.

C	$C/C_{\text{res}} =$	$I =$	$U_L =$	$U_C =$	$U_L/U_{\text{res}} =$
4	0,18	—	—	24	—
8	0,36	—	8	35	0,027
12	0,56	—	22	53	0,075
16	0,73	0,39	54	78	0,18
18	0,82	0,66	97	117	0,33
20	0,91	1,35	197	214	0,67
22	**1**	**2,07**	**295**	**295**	**1**
24	1,09	1,13	166	152	0,56
26	1,18	0,74	107	87	0,36
28	1,27	0,58	84	63	0,28
32	1,45	0,41	59	39	0,2
μF	—	Amp	Volt	Volt	—

müssen sich die Spannungen U_C verhalten, die an einem veränderten Blindwiderstand gemessen werden; bei kleinen Kapazitäten sind daher die Spannungen U_C größer, bei größeren Kapazitäten als $C_{res} = 22\,\mu F$ kleiner als die entsprechenden Spannungen U_L. — Immer gilt $U_L/\mathfrak{R}_L = I$ und $U_C/\mathfrak{R}_C = I$. Kleine Abweichungen, die aus den Angaben der Tabelle festzustellen sind, sind Folgen von nicht vermeidbaren Fehlerquellen.

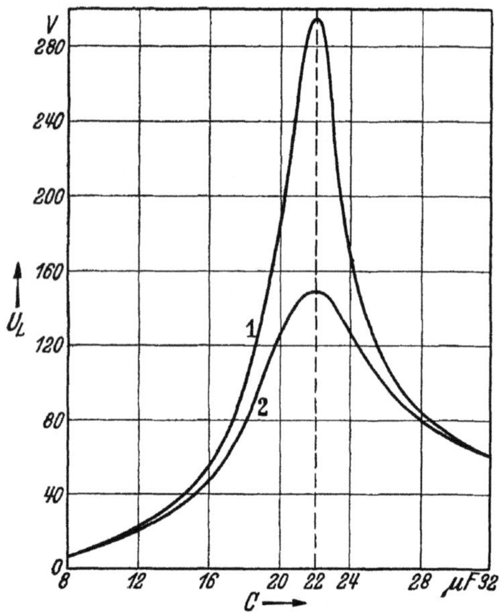

Abb. 11. Niederfrequenz-Reihenresonanzkurven.

In Abb. 11, Kennlinie *1*, ist die Resonanzkurve $U_L = f(C)$ dargestellt, Kennlinie *2* zeigt eine gleichartige Kurve bei einem in den Kreis eingeschalteten Zusatzwiderstand 10 Ohm. Der Resonanzstrom ist dadurch auf die Hälfte gesunken, wie die Theorie verlangt, die Abstimmung ist sehr viel breiter geworden. Abb. 12 enthält die gleichen Aufnahmen wie Abb. 11, umgewandelt gemäß der Gl. (10); Erläuterungen erübrigen sich.

Nach Tabelle 1 beträgt der Wirkwiderstand des Kreises bei einer Kapazität $C = 22\,\mu F$ in Resonanzstellung 9,76 Ohm, die Induktivität L berechnet sich aus der Gleichung $L = 1/\omega^2 C$ zu 0,46 Hy. Aus diesen Angaben läßt sich das Dekrement ϑ und π/ϑ [vgl. Gl. (12) und (13)] berechnen. Es wird $\vartheta = 0{,}212$ und daher $\pi/\vartheta = 14{,}8$; man erhält also mit großer Annäherung den gleichen Wert wie für U_{res}/U_b, wie er nur durch Messung gefunden wurde (vgl. Tabelle 1, Zeile 3). Bei einer Zuschaltung von 10 Ohm in den Resonanzkreis wird ϑ etwa doppelt so groß, π/ϑ nur halb so groß.

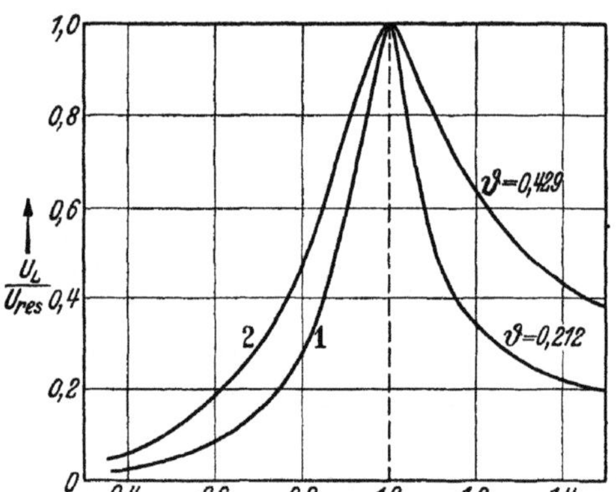

Abb. 12. Resonanzkurven nach Abb. 11, auf Kapazitäts- und Spannungsverhältnisse umgerechnet.

Die Resonanzkurven sind auf der linken Seite des Resonanzpunktes „kapazitätsbestimmt“, der Strom oder die Spannung bzw. deren Verhältnisse zum Resonanzwert werden wesentlich durch die Größe der Kapazität bestimmt. Auf der anderen Seite des Resonanzpunktes ist es umgekehrt, der Strom ist „induktivitätsbestimmt“ und nimmt bei wachsender Kapazität mehr und mehr den Wert $U_b/\omega L$ an; es ist in dieser Beziehung gleichgültig, ob C oder L oder die Frequenz die veränderbare Größe ist.

Schauversuch.

Der Aufbau nach Abb. 8 läßt sich zu einem Schauversuch benutzen, wenn der Strommesser durch die bereits genannten Lämpchen (S. 14), der Spannungsmesser durch eine normale Glimmlampe ersetzt wird. Bei Resonanz leuchtet die Glimmlampe auf, desgleichen die Lämpchen, deren Anzahl entsprechend der Stromstärke festgesetzt wird, die Abstimmung erscheint außerordentlich scharf. Notwendig für das Gelingen des Versuchs sind kleine Wirkwiderstände, normale Netzlampen z. B. als Stromindikatoren sind daher unbrauchbar. — Zu dem Schauversuch ist als Ersatz für den Transformator *Tr* auch ein kleiner Klingeltransformator geeignet; für die Messungen ist er nicht verwendbar, weil der Ohmsche Widerstand seiner Sekundärwicklung die Betriebsspannung erheblich herabsetzt, sobald der Resonanzstrom einsetzt; das ist durch einen Versuch leicht nachzuweisen.

II. Versuche zur Parallelresonanz.

Die Schaltung für die Versuche ist in Abb. 13 angegeben. Die Instrumente I, I_L und I_C sind Weicheiseninstrumente (Meßbereich 3 Amp, das Instrument I muß für genaue Messungen einen kleineren Meßbereich haben); für Schauversuche werden anstatt der Instrumente Lämpchen genommen. U_L wird wieder mit dem Röhrenspannungsmesser gemessen, beim Schauversuch tritt an Stelle des Spannungsmessers eine Glimmlampe. Der Widerstand R ist ein Schiebewiderstand bis 800 Ohm, die Induktivität ist die gleiche wie vorhin, ebenso die Kondensatoren. Als Betriebsspannung dient das Netz (220 Volt) ohne Transformator, infolge der großen Widerstände werden die Ströme sonst zu klein. Einige Kennlinien, aufgenommen ohne den Widerstand R nach der Schaltung der Abb. 3, zeigt Abb. 14. Die Kennlinien wurden für zwei Festwerte L, und zwar $L_1 = 1/\omega^2 C_1$ für $C_1 = 22\,\mu$F und $L_2 = 1/\omega^2 C_2$ für $C_2 = 28\,\mu$F aufgenommen; die Festwerte L wurden gefunden und festgehalten nach dem bereits angegebenen Verfahren; die Blindwiderstände $\mathfrak{R}_L$ betragen danach 144,7 bzw. 113,7 Ohm. Die Aufnahmen bestätigen die Theorie gut; der Strom I_C nimmt proportional der Kapazität zu, seine Kennlinie ist für beide Meßreihen (L_1 und L_2) die gleiche, er ist von den Vorgängen im Induktivitätszweig völlig unabhängig. Die Ströme I_L sind konstant und verhalten sich nahezu umgekehrt wie die Induktivitätswerte, die geringe Abweichung erklärt sich aus dem kleineren Wirkwiderstand bei weiter abgezogenem Eisenjoch. Die Kennlinien I_1 und I_2 sind einander im Verlauf fast gleich, nur gegeneinander verschoben. Der Strom I wird nicht Null,

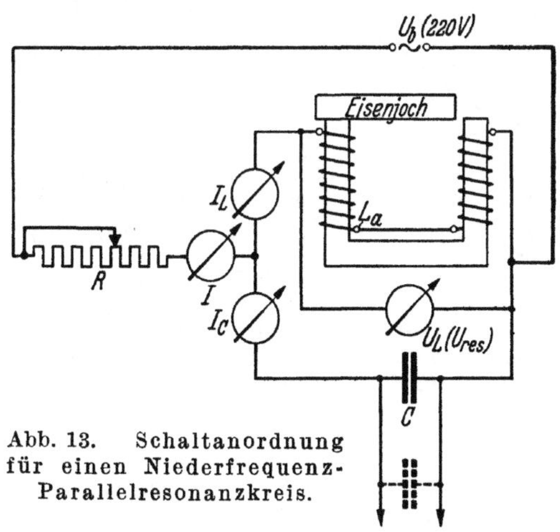

Abb. 13. Schaltanordnung für einen Niederfrequenz-Parallelresonanzkreis.

sondern erreicht nur ein Minimum, welches bei größeren Blindwiderständen ωL_1 einen niedrigeren Wert hat als bei kleineren Blindwiderständen ωL_2. Das ist einleuchtend, weil bei kleineren Blindwiderständen die Ströme I_C und I_L größer sind und daher in den Wirkwiderständen größere Verluste bewirken. Der Verlust in den Kondensatoren ist in beiden Fällen vernachlässigbar, aber nicht der Verlust in der Induktivität, der im zweiten Fall erheblich größer ist; daher muß auch die zugeführte Leistung größer sein, was sich in einem vergrößerten Strom I bemerkbar macht, der ja im Resonanzpunkt ein Wirkstrom ist.

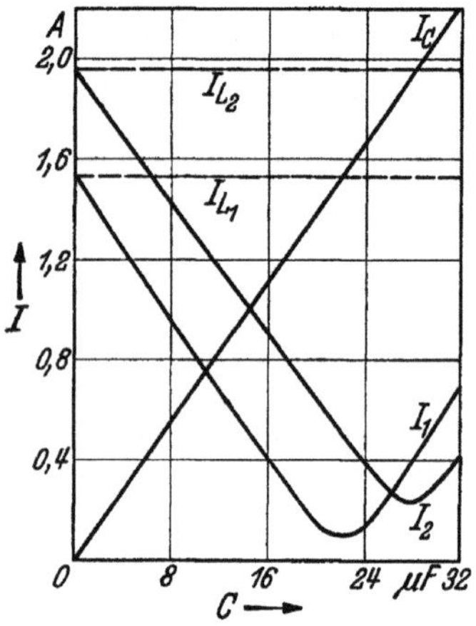

Abb. 14. Ströme im Parallelresonanzkreis.

Die folgenden Messungen sind bei eingeschaltetem äußerem Widerstande R angestellt, und zwar zunächst bei einem Widerstand $R = 300$ Ohm. Der Induktivitätswert ist festgehalten für $C = 22\,\mu$F. Abb. 15 zeigt das Ergebnis. Die Tendenz der Ausbildung eines Höchstwertes sowohl für I_L wie für I_C tritt schon deutlich hervor; für I_L ist die „Abstimmung" entsprechend der Theorie besser als für I_C, auch die Verschiebung der beiden Maxima ist deutlich erkennbar. Gute Abstimmung in beiden Stromzweigen zeigt erst der Verlauf der Kennlinien in Abb. 16, die bei einem äußeren Widerstande $R = 800$ Ohm aufgenommen worden sind. Die gleiche Aufnahme zeigt die Tabelle 3, in die auch die zugehörigen Spannungen U_L $(= U_C)$ eingetragen sind. Auch für diese ergibt sich für Resonanz ein scharfes Maximum; in diesem Falle wird $U_L = \mathrm{U}_{\mathrm{res}}$, wobei U_{res} eine reine Wirkspannung ist. Die Spannung U_R ist daher nach Gl. (20) $(U_b - U_{\mathrm{res}}) = 59$ Volt, sie ist die kleinste Spannung, die am Widerstand R auftritt; der Strom I berechnet sich danach zu $U_R/R = 59/800 = 0{,}074$ Amp. In der Tabelle sind 0,08 Amp angegeben, die Ablesungen waren bei so kleinen Strömen nicht mehr genau vorzunehmen. — Später (vgl. S. 41) ist ein einfaches Verfahren angegeben, das auch sehr kleine Wechselströme zu messen gestattet, und zwar mit einer Genauigkeit von etwa $\pm 2\%$. Das Verfahren ist hier nicht benutzt worden, weil die Niederfrequenzmessungen ohnehin nur Näherungswerte ergeben.

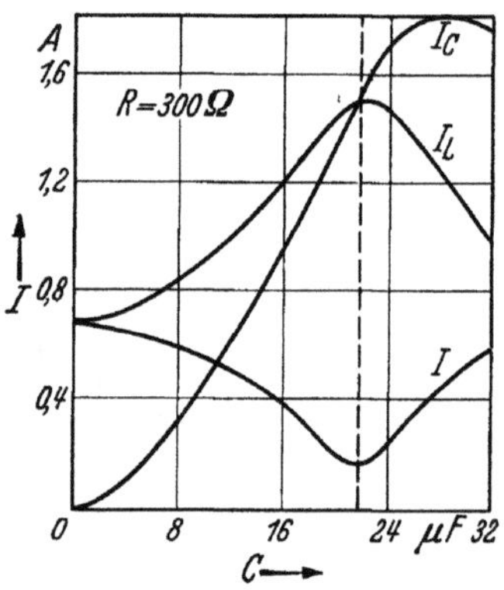

Abb. 15. Ströme im Parallelresonanzkreis bei vorgeschaltetem kleineren äußeren Widerstand R.

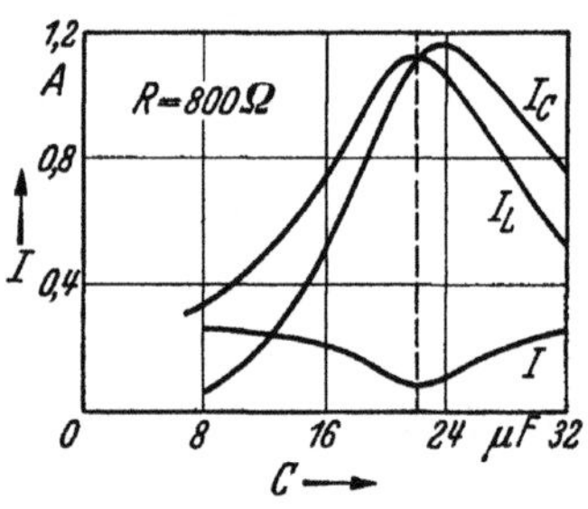

Abb. 16. Ströme im Parallelresonanzkreis bei vorgeschaltetem größeren äußeren Widerstand R.

Nach der Gl. (17) muß im Resonanzfall $I^2 \cdot R_{\mathrm{res}} = I_{\mathrm{res}}^2 \cdot R_{\mathrm{kr}}$ sein. I ist hier 0,08 Amp, $R_{\mathrm{res}} = \Re_L^2/R_{\mathrm{kr}} = 144{,}7^2/9{,}76$ Ohm. Für R_{kr} ist der Wert aus der Tabelle 1 genommen worden, der dort aus der Gl. (7) für die Resonanzeinstellung $C = 22\,\mu F$ gefunden war. Der Betrag wird nicht ganz richtig sein, weil hier die Resonanzströme kleiner sind und daher der Verlustwiderstand etwas anders sein mag (infolge anderer Magnetisierung des Eisenkerns), doch kann der Fehler nur gering sein. Für die linke Seite der genannten Gleichung erhält man danach einen Leistungsbetrag $N = 2150 \cdot 0{,}074^2 = 11{,}8$ Watt, für die rechte Seite einen Betrag 12,5 Watt. Die Abweichung beider ist ziemlich groß und erklärt sich aus der Ungenauigkeit des Widerstandes $R_{kr} = 9{,}76$ Ohm und der Induktivität. Beide Werte sind, wie erwähnt, aus den Messungen Tabelle 1 übernommen; weil dort der Resonanzstrom größer war (2,07 Amp), ist es streng genommen nicht zulässig, die Werte einfach zu übernehmen, denn infolge der anderen Amplitude der Magnetisierung des Eisenkernes wird sowohl die Induktivität wie der Wirkwiderstand eine Änderung erfahren haben. Solche Ungenauigkeiten werden sich bei Messungen mit Eisenkern kaum vermeiden lassen, und das erläuterte Ergebnis muß daher als recht gut bezeichnet werden. — Die an den Resonanzkreis abgegebene Leistung muß auch aus dem Produkt $U_{res} \cdot I$ berechnet werden können, es ist $N = U_{res} \cdot I = 161 \cdot 0{,}074 = 11{,}9$ Watt.

Tabelle 3.

Aufnahme einer Stromresonanzkurve. Wert L wie in Tabelle 2.

$C =$	$I_L =$	$I_C =$	$I =$	$U_L =$
12	0,53	?	0,24	72
16	0,74	0,51	0,21	104
18	0,90	0,70	0,16	127
20	1,07	0,95	0,11	150
22	**1,13**	**1,13**	**0,08**	**161**
24	1,07	1,16	0,10	153
26	0,92	1,07	0,16	128
28	0,76	0,96	0,20	106
30	0,64	0,85	0,23	88
32	0,54	0,76	0,24	74
Messung für einen Spulenteil L_a				
22	**1,28**	**1,27**	**0,12**	**135**
μF	Amp	Amp	Amp	Volt

In Tabelle 3 stehen am Schluß noch einige Messungen, die eine Bestätigung der Folgerungen aus den Rechnungen Gl. (21) bringen. Die Anschaltung des Widerstandes R an den Kreis geschah hier nach Abb. 6 zwischen den beiden Spulen am Abgriff L_a (vgl. Abb. 13), es war daher nur eine Spule in den äußeren Kreis geschaltet (vorher beide Spulen). Der Induktivitätswert im äußeren Kreis ist infolgedessen gesunken, allerdings trotz Gleichheit der Spulen wegen der Streuwirkung des Eisens nicht in erwartetem Maße. — In der Tabelle sind nur die Messungen im Resonanzpunkt angegeben, die zeigen, daß der Resonanzstrom und mithin die Leistung im Resonanzkreis gewachsen ist, während die Spannung U_{res} an der Spule L_a nur noch 135 Volt beträgt. Der Leistungsverbrauch am Widerstand R_{kr}, dessen Wert sich nicht geändert hat, ist wieder aus dem Produkt $U_{res} \cdot I$ am zuverlässigsten zu finden, es ist $N = 135 \cdot 0{,}12 =$ etwa 16 Watt. Das Aufsuchen des Maximums N im Schwingungskreis durch Ankopplung des günstigsten Wertes L_a ist bei dem einfachen Versuchsaufbau nicht möglich.

Im Gegensatz zu dem Verlauf der Spannungsresonanzkurve ist in der Stromresonanzkurve der Strom I auf der linken Seite des Resonanzpunktes induktivitätsbestimmt, für $C =$ Null nimmt er den Wert $U_b/\omega L$ an (vgl. Abb. 14). Beim Übergang im Resonanzpunkt (Abstimmung auf Null) erleidet er einen Phasensprung von 180°, und rechts vom Resonanzpunkt wird er kapazitätsbestimmt, wobei er mit wachsender Kapazität mehr und mehr den Wert $U_b \omega C$ annimmt. Ähnliches gilt für die Schaltung Abb. 5, mit den Einschränkungen, die der Widerstand R bewirkt: Hier muß nach rechts mit wachsender Kapazität der Strom $I = U_b/R$ werden, weil die wachsende Kapazität schließlich einen Kurzschluß ergibt, so daß die gesamte Betriebsspannung an R verbraucht wird. Links vom Resonanzpunkt liegt ein induktiver Blindwiderstand in Reihe zu R, er steht also senkrecht auf R; für $C =$ Null wird der Strom $I = U_b/\sqrt{R^2 + (\omega L)^2}$.

Auch für die Stromresonanzschaltungen gilt immer das Gesetz der Gl. (3); in der Tabelle 3 muß daher stets U_L (im Zahlwert immer gleich U_C) durch den betr. Blindwiderstand dividiert den zugehörigen Blindstrom ergeben; das ist auch bis auf kleine Abweichungen der Fall, die sich durch die erwähnten Fehler erklären. — Eine Ausnahme macht die letzte Meßreihe der Tabelle, denn hier ist die Spannung U_{L_a} nicht mehr gleich der Spannung U_C.

Schauversuch.

Zum Schluß sei auf einen Schauversuch hingewiesen, der altbekannt ist, aber unter Hinweis auf die vorstehenden Messungen unter einem besonderen Gesichtspunkt erscheint. Werden in Abb. 13 die Amperemeter I_L und I_C durch (je etwa 5) parallel geschaltete Lämpchen schon genannter Art ersetzt, der Widerstand R und der Strommesser I durch eine normale Glühlampe (etwa 60 Watt), so übernehmen die Lämpchen die Rolle der Amperemeter, während die Lampe im äußeren Kreis zwei Aufgaben zu erfüllen hat, sie ist Indikator und Widerstand R. Im Resonanzpunkt, der wie früher durch Verschieben des Eisenjoches aufgesucht wird, erlischt die Lampe R, während die Lämpchen im Stromkreis brennen; außerhalb der Resonanz ist es umgekehrt, ob nun die Induktivität größer oder kleiner wird, die Lampe R brennt, während die Lämpchen dunkel sind. Ist der Widerstand der Lampe R zu klein, so gelingt der Versuch nicht mehr, wie man durch Parallelschalten mehrerer Lampen leicht nachweisen kann; ebenso mißlingt der Versuch, wenn der Widerstand der Lampe R zu groß wird, weil die Ströme im Kreise zu klein werden. Die Abstimmung der Lampe R auf Dunkelheit wird am besten, wenn die Lämpchen drinnen fehlen; dann sind die Wirkwiderstände am kleinsten, und der Strom I muß also nach den Gl. (16) und (18) den kleinsten Wert annehmen. — Der Versuch gelingt auch nicht, wenn etwa im Schwingungskreis als Indikator eine normale Lampe benutzt wird, da deren Widerstand viel zu groß ist. Eine Glimmlampe, an Stelle des Röhrenvoltmeters in den Kreis geschaltet, zeigt die Spannung U_{res} an, während die Spannungen U_L zu gering werden, so daß außerhalb der Abstimmung die Glimmlampe erlöschen muß.

Auch die „Anpassung" des Kreises an den Widerstand R läßt sich durch den Schauversuch zeigen, indem der Kreis nur mit einer Spule (wie vorhin) an den Widerstand R (= Lampe) gelegt wird. Die Lämpchen zeigen dann einen höheren Strom an, was gleichzeitig aber auch für die Lampe R eintritt, weil der Leistungsverbrauch gestiegen ist.

Die Versuche und Messungen in netzfrequenzbetriebenen Stromkreisen, die große Induktivitäten und Kapazitäten notwendig machen, sind deswegen eingehend beschrieben worden, weil die Stromquelle heute in der Regel zur Verfügung steht, die Versuche sind daher leicht und mit verhältnismäßig geringen Mitteln auszuführen. Sie sind auch durchaus überzeugend, denn alle vorkommenden Resonanzerscheinungen lassen sich nachweisen. Die außerordentlichen Wirkungen, die sich in hochfrequenzbetriebenen Stromkreisen erzielen lassen, fehlen aber bei niederfrequenten Resonanzerscheinungen. Sobald ein Hochfrequenzgenerator zur Verfügung steht, können die Versuche weit umfangreicher werden; trotzdem sind zur Darstellung der notwendigen Kreise nur verhältnismäßig geringe Mittel nötig (weniger als vorhin), weil Spulen und Kondensatoren nur geringe Abmessungen annehmen. Gut ist es, einen Wellenmesser zu benutzen, um die Frequenz genau festlegen zu können; aber notwendig ist er bei vielen Versuchen und sogar Messungen nicht, weil die Frequenz in Annäherung zu berechnen ist.

Dritter Abschnitt.

Resonanzversuche und -messungen mit hochfrequenten Wechselströmen.

$f = 30$ bis 1000 Kilohertz; $\lambda = 10000$ bis 300 Meter.

I. Der Generator.

Als Erzeuger hochfrequenter Wechselströme wird heute fast ausschließlich die Elektronenröhre benutzt; Maschinen spielen nur noch eine sehr untergeordnete Rolle, weil es schon seit längerer Zeit gelungen ist, Elektronenröhren für große Leistungen (300 Kilowatt und mehr) zu bauen. Zu Versuchen im Laboratorium mit hochfrequenten Wechselströmen ist nur die Röhre brauchbar, denn sie erfordert für kleine Leistungen — 10 bis 20 Watt genügen stets für die Versuche — nur geringe Hilfsmittel und erlaubt eine fast beliebige Auswahl in der Herstellung der gewünschten Frequenz; die Handhabung ist zudem leicht, und die Erzeugung der Wechselströme geschieht mit größter Regelmäßigkeit und Zuverlässigkeit. — Mehrgitterröhren werden bis heute zur Erzeugung hochfrequenter Wechselströme nur in Sonderfällen für kleinste Leistungen gebraucht, z. B. in Empfängern; im allgemeinen kommen nur Eingitterröhren zur Verwendung, was auch hier geschehen soll. Für Leistungen bis etwa 2 Watt genügt schon eine Röhre der Type RE 134, für etwas größere Leistungen (4 Watt) die Type RE 304; für größere Leistungen (10 Watt und mehr) ist die neue Type AD 1 (verbesserte Type RE 604) sehr brauchbar, die für die beschriebenen Versuche ausschließlich gebraucht worden ist. Durch Parallelschalten mehrerer Röhren läßt sich die Leistung vergrößern, in dem beschriebenen Generator sind stets zwei Röhren benutzt. — Die Theorie des Röhrengenerators ist an anderer Stelle ausführlich behandelt worden[1]; hier soll nur der praktische Aufbau des Generators beschrieben werden, wie er für die Ausführung der Messungen und Versuche am besten geeignet schien.

Die Frequenz der hochfrequenten Wechselströme wird mit ganz geringen Abweichungen, die vernachlässigt werden können, durch die Zahlenwerte der Induktivität und der Kapazität bestimmt, die in Parallelresonanzschaltung (Abb. 6 und 7) in den Stromkreis der Röhre geschaltet werden. Ist L der Zahlwert der Induktivität, C der Zahlwert der Kapazität, so ist die Frequenz durch die Gl. (6) gegeben; da für alle herzustellenden Frequenzen die Induktivität am besten in Millihenry (mHy), die Kapazität in Mikrofarad (μF) angegeben wird, so ist die Frequenz f bzw. die Wellenlänge λ am einfachsten nach folgenden Zahlwertgleichungen zu berechnen:

$$\left.\begin{aligned} f &= 0{,}503 \frac{1}{\sqrt{L_{(\mathrm{mHy})} \cdot C_{(\mu\mathrm{F})}}} 10^4 \text{ Hz}, \\ \lambda &= 5{,}964 \sqrt{L_{(\mathrm{mHy})} \cdot C_{(\mu\mathrm{F})}}\, 10^4 \text{ Meter}. \end{aligned}\right\} \tag{24}$$

Die zweite Gleichung findet sich aus der ersten durch die bekannte Beziehung $c = 3 \cdot 10^{10}$ cm $= \lambda_{(\mathrm{cm})} \cdot f_{(\mathrm{Hz})}$. — Aus einer Berechnung nach Gl. (24; 2) und aus einer Messung mit einem Wellenmesser an dem durch die Röhre erregten Resonanzkreis ergaben sich für 2 Spulen, die in den folgenden Versuchen oft benutzt worden sind, mit den Induktivitätswerten 0,176 mHy bzw. 1,78 mHy bei einer Betriebskapazität 0,001 μF die Wellenlängen λ (gemessen) = 800 bzw. 2540 Meter, λ (berechnet) = 792 bzw. 2518 Meter. Die Abmessungen der beiden Spulen sind unten angegeben[2]. Die Abweichungen betragen also etwa 1%, die gemessenen Wellenlängen sind größer, eine Folge der Röhrenkapazität und der zusätzlichen Induktivitäten und Kapazitäten, die durch die Schaltleitungen gegeben und unvermeidbar sind. Die Werte L und C sind in der Wechselstrombrücke gemessen worden.

Die Schaltung des Generators ist in Abb. 17 angegeben. Der Kreis LC ist der Wechselstromkreis mit eingeschaltetem Hitzdraht- oder Thermoamperemeter I_G (= Generatorstrom); das Instrument ist nur für Messungen notwendig, für Schauversuche kann es fehlen. Als Kapazität werden für kleinere Wellenlängen (bis etwa 2600 Meter) Drehkondensatoren mit dem Höchstwert 1000 cm * benutzt,

[1] Vgl. Fußnote S. 9.

[2] Ein Schaubild der beiden Spulen ist in Abb. 18, *1* und *2* angegeben. Die Spule *1* hat folgende Abmessungen. Körper: Preßspan, Innendurchm. 10 cm. Wandung 1 mm. Spule: 40 Wdg., Abgriff nach jeder 5. Wdg., eine Lage, Draht 0,7 mm, Baumwolle. Länge der Spule etwa 4 cm. — Spule *2*: Körper: wie *1*, nur größere Länge. Spule: doppellagig, stufengewickelt, insgesamt 128 Wdg., Abgriff nach jeder 16. Wdg., Länge der Spule etwa 10 cm, Draht wie bei Spule *1*. (Im Bild ist die Spule *1* nur mit wenigen Abgriffen versehen, um die Drahtführung zur Buchsenleiste besser erkennen zu lassen.)

* Die Kapazität wird heute jedoch ausschließlich in Farad (F) und den Unterteilungen Mikrofarad (μF) bzw. für kleine Werte Pikrofarad (pF) = 10^{-12} Farad oder 10^{-6} Mikrofarad angegeben. Die ältere Angabe für kleine Kapazitäten (Drehkondensatoren) geschah nach cm. Es ist 1 μF = $9 \cdot 10^5$ cm oder 1 pF = 0,9 cm bzw. 1 cm = 1,111 pF.

für größere Wellenlängen bis 10000 Meter müssen zum Drehkondensator Blockkondensatoren zugeschaltet werden; es können nur Kondensatoren mit Glimmerisolation verwendet werden, da die Becherkondensatoren (mit Papierisolation) für Hochfrequenz einen viel zu großen Wirkwiderstand haben; sie werden warm und nach wenigen Minuten unbrauchbar.

Der Resonanzkreis LC wird zum Zwecke der Erregung an drei Punkten A, E und G (Dreipunktschaltung) an die beiden parallel geschalteten Röhren angekoppelt. A ist die Verbindung zu den Anoden, G die Verbindung zu den Gittern und E die Verbindung zur Anodengleichspannungsquelle U_a, deren neg. Pol an die Heizstromquelle angeschlossen und zweckmäßig geerdet ist, so daß auch der Punkt E (= Mittelpunkt der Spule L) stets über den großen Blockkondensator C_b (1 bis 4 μF) hochfrequenztechnisch geerdet ist. Es ist zweckmäßig, die Röhren mit ihren Leitungen gesondert zu montieren, damit sich verschiedene Resonanzkreise LC an den gleichen Röhrenaufbau schalten lassen, wie dies in Abb. 17 gekennzeichnet ist; es lassen sich dann auch an den Röhrensatz die mittel-

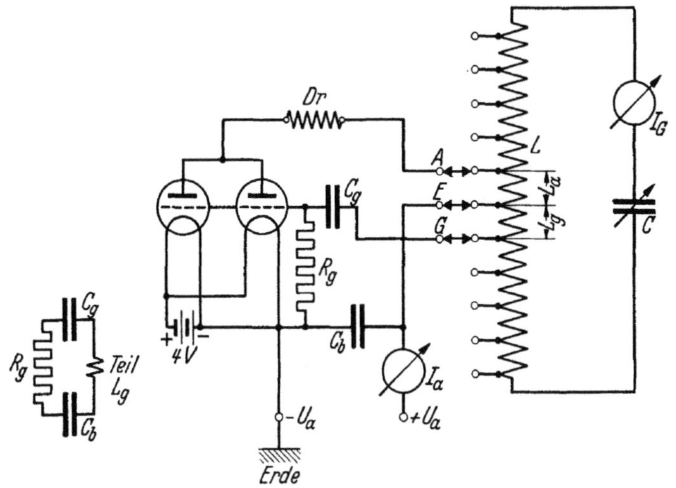

Abb. 17. Schaltung eines Hochfrequenz-Röhrengenerators.

Abb. 18. Spulen für Hoch- und Mittelfrequenzen.

frequenten Resonanzkreise schalten, die im fünften Abschnitt benutzt werden. — Der bereits erwähnte Blockkondensator C_b dient zum Kurzschließen des Röhren- (Anoden-) Wechselstroms; er verhindert wegen seiner Größe auch einen Nebenschluß der Hochfrequenzströme zum Netz, wenn als Spannung U_a die Netzspannung (= 220 Volt) dient. Bei Hochfrequenzschauversuchen ist es gleichgültig, ob das Netz Gleich- oder Wechselspannung (50 Hz) führt, bei Messungen und allen Mittelfrequenzversuchen muß aber Gleichspannung genommen werden. Bei Netzwechselspannung arbeiten die Röhren nur für die Halbperiode, für welche die Anodenspannung positiv wird; dadurch wird die Leistung der Röhren naturgemäß herabgesetzt. Bei Mittelfrequenzversuchen reicht die zur Verfügung stehende Zeit $= {}^1/_{100}$ Sekunde nicht mehr aus, um den Generatorstrom auf volle Stärke zu bringen.

Der Kondensator C_g in Verbindung mit dem Widerstand R_g erzeugt bei arbeitender Röhre die notwendige negative Vorspannung für die beiden Gitter; außerdem sperrt der Kondensator auch die Gleichspannung U_a von den Gittern ab. Hochfrequenztechnisch gesehen ist die angegebene Schaltung nicht sehr günstig, da sie stets den Widerstand R_g und den Kondensator C_g parallel zu einem Teil der Spule legt, wie die Nebenschaltung in Abb. 17 zeigt. Dadurch treten physikalisch zwei Forderungen auf, die erfüllt sein müssen, damit einerseits die Gitter die nötige Wechselspannung erhalten, andererseits die Induktivität der Spule L nicht wesentlich verkleinert wird, weil dann die Gl. (24) nicht mehr gültig sind: Der Widerstand R_g muß groß sein, damit letzteres nicht eintreten kann, und der Kondensator C_g muß so groß sein, daß die Spulenwechselspannung ohne großen Spannungsverlust das Gitter erreicht, denn die Reihenschaltung von C_g und R_g wirkt ja als Spannungsteiler. Es muß daher sein $1/\omega C_g \ll R_g$. Die Parallelschaltung von Kondensator und Widerstand zum Spulenteil L_g wirkt sich um so schädlicher aus, je größer der Spulenteil L_g ist; daraus ergibt sich die Forderung, diesen Spulenteil, der die Gitterwechselspannung erzeugt, möglichst klein zu halten, d. h. die Gitterankopplung möglichst „lose" zu machen. Wird die Kopplung jedoch zu lose, so arbeitet die Röhre nicht mehr, so daß hier die Grenze durch den Versuch gefunden werden muß. Auch die Größe des Widerstandes zu finden, ist eine Sache der Erfahrung, für alle hochfrequenten Schaltungen ist $R_g = 10000$ Ohm ausreichend und zweckmäßig. Kleinere Widerstände (etwa bis 5000 Ohm) verkleinern die negative Vorspannung, wodurch die Röhren ihre Leistung und daher auch die Leistung des Generators vergrößern; kommt es also auf genaue Frequenzberechnung nicht an, so ist die Verkleinerung von R_g auf den angegebenen Betrag zulässig. Bei weiterer Verkleinerung werden die Röhren überlastet. Die angegebenen Zahlen sind Mittelwerte, die sich bei großer Änderung der Frequenz ebenfalls ändern müssen, für Mittelfrequenzerzeugung werden daher im fünften Abschnitt noch besondere Werte angegeben. — Der Kondensator C_g hat bei der Forderung $1/\omega C : R_g = 1 : 20$ und bei dem festgesetzten Wert $R_g = 10000$ Ohm den Betrag etwa 1000 pF, wenn die Wellenlänge auf 1000 Meter, entsprechend einer Frequenz 300000 Hz (300 kHz), abgemessen ist. Bei größeren Wellenlängen muß also C_g entsprechend größer werden[1].

Die Spannung U_a wird den Röhren über ein Milliamperemeter I_a zugeführt; das Instrument ist notwendig, damit stets eine Beobachtung der Röhrenbelastung

[1] Die Widerstände müssen eine merkliche Belastung aufnehmen, weil die Gitterströme 20 mAmp und mehr betragen. Die Dralowidwerke liefern eine Stabtype, mit der Bezeichnung „Pantohm", die mit 6 Watt und mehr belastbar sind. — Der Kondensator zum Gitter besitzt zweckmäßig Glimmerbelag, weil Papierbelagkondensatoren für Hochfrequenz sehr hohe Verluste haben; ein solcher Kondensator ist dann unter Umständen mehr ein Wirkwiderstand als eine Kapazität.

stattfinden kann. Arbeiten die Röhren, so können sie je 100 mAmp und mehr aufnehmen, ohne daß die Gefahr einer Überlast besteht, weil ja ein großer Teil der aufgenommenen Leistung im Resonanzkreis wieder abgegeben wird. Anders ist es, wenn der Generator nicht arbeitet; in diesem Falle behalten die Röhren die gesamte aufgenommene Leistung, die als Wärme an die Anodenbleche abgegeben wird. Ein Aussetzen des Generators erkennt man stets an dem plötzlichen starken Anwachsen des Anodenstromes, das eintritt, weil die Gitter der Röhren bei Fortbleiben der Gitterwechselspannung keine negative Vorspannung mehr erhalten. Der Anodenstrom kann dann auf 500 mAmp und mehr steigen, so hohe Überlastung zerstört die Röhren bald; die zulässige Anodenverlustleistung der Röhre AD 1 beträgt 15 Watt.

Zur Unterdrückung von sog. wilden Schwingungen (= sehr hohe, nicht gewollte Frequenzen) wird in die Anodenzuleitung eine Drosselspule Dr (Abb. 17) gelegt, die für die wilden Schwingungen einen hohen Blindwiderstand darstellt, so daß die Frequenz sich nicht ausbilden kann; für die Generatorfrequenz darf der Widerstand der Spule nur klein sein. Für Wellen bis etwa 1000 Meter genügt erfahrungsgemäß für die beschriebene Anordnung als Drossel eine sog. Kurzwellenspule von etwa 12 Wdg. (vgl. Abb. 18; 3), für größere Wellen (bei Benutzung der Spule 2) genügen als Drossel Teilwindungen der Spule 1. Das Auftreten von wilden Schwingungen erkennt man am Fehlen des Wechselstromes im Resonanzkreis, während doch trotzdem nur ein geringer Anodenstrom I_a fließt, ein Kennzeichen dafür, daß die Röhren eine negative Vorspannung erhalten müssen, die eben durch die wilden Schwingungen bewirkt wird. — Diese treten deswegen auf, weil (vgl. Abb. 17) die Teile L_a und L_g der Spule zusammen mit der Röhrenkapazität einen Resonanzkreis bilden, dessen sich ausbildende Frequenz weit höher ist als die Frequenz $f = 1/2\,\pi\sqrt{LC}$.

Normalerweise fließt im Resonanzkreis ein starker Wechselstrom, der bei Benutzung der Spule 1 (λ bis etwa 800 Meter) drei und mehr Amp, bei Verwendung der Spule 2 (λ bis 10000 Meter) etwa 2 Amp erreichen kann. — Die Spulenwechselspannung des Generators ist nach der Gl. (3) leicht zu berechnen, wenn die Frequenz, die Induktivität der Spule und der Spulenstrom bekannt sind. Ist z. B. $L = 0{,}176$ mHy (Spule 1), die Frequenz $f = 500000$ Hz (entsprechend einer Wellenlänge $\lambda = 600$ Meter), der Resonanzstrom (Generatorstrom) $I = 2{,}5$ Amp, so wird $U_L =$ etwa 1400 Volt. So hohe Spannungen sind für Versuchszwecke in der Regel unbrauchbar, sie müssen deswegen mittels eines Transformators abgespannt werden. Für Sekundärspannungen, etwa 4 Volt, genügen Spulen (sog. Kurzwellenspulen) mit wenigen Windungen (1 bis 3 Windungen, je nach der Frequenz), die unter die Generatorspule geschoben oder auch nur in ihre Nähe gehalten werden. An einem Transformator solcher Art können eine Reihe parallel geschalteter Einwattlämpchen brennen, der Generator vermag eine Leistung von 20 Watt und mehr abzugeben. Eine einwandfreie und schnelle Feststellung, ob der Generator zur Zufriedenheit arbeitet, gelingt am besten durch die beschriebene Anordnung, indem also eine an eine einzelne

Windung geschaltete Lampe (Prüflampe) als Indikator benutzt wird; zweckmäßig ist eine Lampe für eine zulässige Leistung 8 oder 10 Watt.

Nachstehend soll ein Zahlenbeispiel zur Anpassung des Schwingungskreises (Parallelresonanzkreises) an die Röhren gegeben werden, wie es nach Gl. (21) (vgl. Abb. 6) notwendig ist, um die größtmögliche Leistung aus den Röhren zu gewinnen. Vorausgesetzt sei, daß die Anodenwechselspannung sinusförmig ist (was in der Regel nicht der Fall ist, vgl. Fußnote S. 13). Die Wellenlänge, entsprechend einer Induktivität $L = 0{,}176$ mHy und einer Kapazität $C = 0{,}001$ μF, betrage 800 Meter, die Frequenz ist also $\frac{3}{8} \cdot 10^6$ Hz. Der Wirkwiderstand des Resonanzkreises wurde nach einer später erläuterten Messung zu etwa 2,9 Ohm gefunden. Der Blindwiderstand ωL der Spule ist etwa 415 Ohm, so daß die Bedingung $\omega L \gg R_{\mathrm{kr}}$ weitgehend erfüllt ist. Der Resonanzwiderstand des Kreises nach Gl. (16) wird etwa 60000 Ohm; da der Widerstand der Röhren etwa $R_i = 500$ Ohm ist, muß R_{res} so weit verkleinert werden, daß dieser Betrag erreicht wird. Der Wirkwiderstand des Kreises und die Frequenz sind Festwerte, man findet den in den Stromkreis der Röhre einzuschaltenden Teil L_a der Spule aus der Beziehung $(\omega L_a)^2/R_{\mathrm{kr}} = 500$, es wird $L_a = 0{,}016$ mHy; der Blindwiderstand ωL_a wird dann etwa 38 Ohm, so daß die Bedingung $\omega L_a \gg R_{\mathrm{kr}}$ nicht voll ausreichend erfüllt ist. Die überschlägige Rechnung zeigt aber, daß nur ein kleiner Teil der Spule L in den Röhrenkreis geschaltet werden darf, wenn die Röhren hinreichend ausgenutzt werden sollen. — Ist L_a zu klein (Kopplung zu lose), liegt also ein zu geringer Teil L_a im Anodenkreis der Röhre, so spricht man bekanntlich vom *unterspannten* Zustand, im anderen Fall (Kopplung zu fest) vom *überspannten* Zustand der Röhre; in beiden Fällen nimmt der Generatorstrom I_G gegen einen höchsten Wert ab, der durch geeignete Wahl des Spulenteils L_a gefunden wird. — Der Abgriff L_g bestimmt die Gitterwechselspannung (Steuerspannung), deren hinreichender Betrag ebenfalls durch eine Rechnung zu ermitteln ist[1], am einfachsten aber wie L_a durch Probieren gefunden wird. — Werden die Wirkwiderstände R_{kr} größer, so nimmt der Widerstand R_{res} ab; bei wachsendem Wirkwiderstand muß daher der Spulenteil L_a zunehmen, die Kopplung muß „fester" werden, wenn das Optimum der Leistungsabgabe des Generators erreicht werden soll. Die Gitterankopplung L_g muß in diesem Fall ebenfalls fester werden. — Das Verhältnis L_a/L_g ist nicht $= 1$, sondern vom Durchgriff, der Steilheit der Röhren und vom Widerstand R_{res} abhängig.

II. Versuche und Messungen zur Reihenresonanz.

Der Aufbau der Versuche erfolgt in der gleichen Weise wie für die entsprechenden Niederfrequenzversuche, die Schaltanordnung bleibt dieselbe, es ändern sich nur die Beträge der Induktivität, der Kapazität und der Betriebsspannung. Abb. 19 zeigt die zweckentsprechende Umänderung der Schaltung Abb. 8. G ist der vorhin beschriebene Röhrengenerator. Die Betriebsspannung U_b des

[1] Vgl. die in der Fußnote S. 9 erwähnte Abhandlung.

zu untersuchenden Reihenresonanzkreises wird dem vorhin beschriebenen Transformator Tr entnommen, dessen sekundäre „Wicklung" für Versuche mit kürzeren Wellen (bis 1000 Meter) aus einer Windung (Kurzwellenspule einer Windung) besteht, die teilweise (je nach der gewünschten Spannung) unter die Generatorspule gelegt wird; für längere Wellen werden Spulen mit 2 bis 4 Wdg. notwendig. Die Kapazität C und die Induktivität L des Resonanzkreises besitzen die gleichen Werte wie die betr. Größen des Generators; zum Zweck der Abstimmung ist es bei langen Wellen nötig, am Generator parallel zum Blockkondensator einen Drehkondensator zu legen; der Strommesser I_{res} (Hitzdrahtinstrument bis 2 Amp) ist bei Schauversuchen durch Lämpchen zu ersetzen. Die Resonanzspannung U_{res} an der Spule L kann nicht wie früher durch ein Instrument festgestellt, sondern nur nach Gl. (3) durch Rechnung, dies allerdings sehr genau, gefunden werden. Die hochfrequente Betriebsspannung U_b kann ebenfalls nicht durch Messung mit einem Instrument bestimmt, sie kann aber auch nicht berechnet werden, denn das Übersetzungsverhältnis des Transformators ist wegen der Spulenstreuung nicht annähernd bekannt. Mittels einer einfachen Anordnung wird es jedoch möglich, die Spannung U_b auf wenige Hundertteile genau zu bestimmen. Ein sog. Miniwattlämpchen (vgl. Abb. 19), dessen normaler Betriebsstrom 0,04 Amp bei der Klemmenspannung 4 Volt beträgt, wird mit möglichst kurzen Leitungen an die Transformatorspule gelegt; der Wirkwiderstand des Lämpchens hat die Größenordnung 100 Ohm, gegen den die Blindwiderstände der Transformatorspule sowohl wie der Verbindungsleitungen zu vernachlässigen sind. Das Lämpchen wird daher durch die Hochfrequenzspannung U_b auf eine Leuchtdichte gebracht, die dieser Spannung entspricht. Ein zweites Lämpchen Gl gleicher Art wird neben das erste gesetzt und mit einem kleinen Akkumulator über einen Regelwiderstand R, etwa 100 bis 200 Ohm max., beheizt; parallel zu diesem Lämpchen liegt ein Gleichstrom-Spannungsmesser U mit einem Meßbereich etwa 10 Volt. Für die Messungen müssen beide Lämpchen stets auf gleiche Helligkeit gebracht werden — in der Regel ist es zweckmäßig, das Vergleichslämpchen mit dem Widerstand zu regeln —, die Spannung U_b ist dann gleich der am Gleichspannungsmesser abgelesenen Spannung. Bei einiger Übung gelingt die Feststellung der Spannung mit hinreichender Genauigkeit; in den folgenden Tabellen sind die Betriebsspannungen mit einem Fehler angegeben, der wahrscheinlich unter $\pm 2\%$ liegt. — Das Drehspulinstrument mißt Mittelwerte, während die Spannungen U_{res} in Effektivwerten ausgerechnet werden; es müssen deshalb die abgelesenen Werte U_b nach der auf S. 16 (Fußnote) vermerkten Beziehung in Effektivwerte umgerechnet werden. — In der Tabelle 4 ist das Ergebnis einiger Resonanzmessungen im Bereich hoher Frequenzen (λ zwischen 250 und 800 Meter) an-

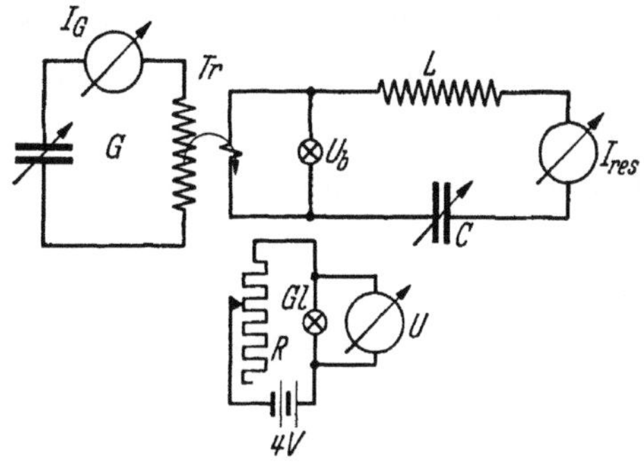

Abb. 19. Erregung eines Reihenresonanzkreises für Hochfrequenz durch den Röhrengenerator.

gegeben. Der Induktivitätswert der Spule L ist 0,176 mHy (Spule 1), die Kapazität ist stetig veränderbar bis zum Betrag 0,001 μF; die Resonanzfrequenz wurde mit einem Wellenmesser bestimmt, berechenbar war sie nur für den Endwert des Kondensators. — Die Messungen ergeben für die Wirkwiderstände R, wie bei den Niederfrequenzmessungen, keine festen Werte; in diesem Falle wächst der Wirkwiderstand mit der Frequenz, eine Folge des Hauteffekts im Spulendraht. Doch bedingt wahrscheinlich auch schon der Spulenkörper Verluste, und auch der Kondensator hat Verlustwiderstand (durch Hysterese), dessen Betrag mit der Frequenz zunehmen wird; die Bestimmung des Gesamtwirkwiderstandes aus der Gl. (7) ist auch hier einwandfrei. Bei Drehkondensatoren mit schlechtem Isolationsstoff kann der Wirkwiderstand R_C größer als R_L werden; in den Gesamtwirkwiderstand geht außerdem der Widerstand des Strommessers ein, der etwa 0,8 Ohm betrug. — Die Resonanzspannungen U_{res} erreichen trotz der kleinen Betriebsspannungen auch bei fast gleichen Wirkwiderständen weit höhere Werte als bei den Niederfrequenzmessungen, eine Folge der sehr hohen Blindwiderstände. Die Spannungsverstärkung erreicht daher Beträge, die um eine Größenordnung höher liegen als früher.

Tabelle 4.

Hochfrequente Resonanzspannungen.

λ = 250 bis 800 Meter. L = 0,176 mHy; C stetig veränderbar bis 0,001 μF.

Gleichstromwiderstand der Spule 0,51 Ohm.

λ =	f =	$U_{b\,eff}$ =	$I_{res\,eff}$ =	$U_{res\,eff}$ =	$\Re_L$ =	R =	U_{res}/U_b =	Bemerkungen
250	$1{,}2 \cdot 10^6$	3,6	0,20	265	1327	18,0	74	λ gemessen
300	10^6	3,7	0,36	398	1106	10,3	108	,, ,,
420	$7{,}14 \cdot 10^5$	3,7	0,70	553	790	5,3	149	,, ,,
520	$5{,}77 \cdot 10^5$	3,7	0,87	555	638	4,3	150	,, ,,
700	$4{,}29 \cdot 10^5$	3,7	1,20	569	474	3,1	154	,, ,,
800	$3{,}75 \cdot 10^5$	3,7	1,29	535	415	2,9	145	λ berechnet C = 0,001 μF
Spulenteil der bisher benutzten Spule; L = 0,091 mHy.								
520	$5{,}77 \cdot 10^5$	3,7	1,31	432	330	2,8	117	λ gemessen
Litzenspule 0,11 mHy; Gleichstromwiderstand 0,47 Ohm.								
520	$5{,}77 \cdot 10^5$	2,0	1,11	443	398	2,1	221	λ gemessen
Meter	Hertz	Volt	Amp	Volt	Ohm	Ohm	—	

Mit abnehmender Frequenz bei gleichbleibender Induktivität muß die Resonanzspannung nach Gl. (9) fallen, was infolge der schnell abnehmenden Wirkwiderstände zunächst nicht eintritt, sogar das Umgekehrte ist der Fall. Erst dann, wenn die Wirkwiderstände geringere Abnahme zeigen als die Blindwiderstände, was erst für Wellenlängen etwa über 700 Meter geschieht, fällt die Resonanzspannung ab. Die gleiche Erscheinung muß sich einstellen, wenn bei gleichbleibender Frequenz die Induktivität verkleinert, die Kapazität daher in gleichem Ausmaß vergrößert wird. Das ist in einer Messung für λ = 520 Meter geschehen, zu welcher die Spule L nur teilweise benutzt worden ist. Die Induktivität sank auf 0,091 mHy, der Wirkwiderstand fiel infolge der fehlenden Windungen allerdings gleichfalls; aber weil der Induktivitätswert schneller abnahm, ist die Resonanzspannung stark gefallen und beträgt nur noch 432 gegen 554 Volt; dementsprechend ist auch die Spannungsverstärkung gesunken. — Zuletzt ist noch eine dritte Messung an einer Spule aus Hochfrequenzlitze angegeben, die Wellenlänge war wieder 520 Meter. Die Spannungsverstärkung ist hier trotz der verhältnismäßig kleinen Induktivität wegen des geringen Wirkwiderstandes der Spule auf 221 gestiegen; als Betriebsspannung konnte hier nur eine Spannung 2 Volt eingestellt werden, weil wegen der bei festerer Kopplung der Transformatorspule auftretenden Koppelwellen und der dadurch verursachten Änderung der Generatorfrequenz (Ziehen) eine höhere Betriebsspannung nicht betnuzt werden konnte. — Bei Auswahl geeigneter Spulen und Kondensatoren (starker Litzendraht und gute Kondensatoren) lassen sich die Wirkwiderstände noch erheblich herabsetzen, so daß mit umfangreicheren Mitteln die Spannungsverstärkung bei sonst gleichem Aufbau sicherlich noch weit höhere Zahlwerte erreichen kann.

Da die Frequenzen, die Induktivität und deswegen auch die einzelnen Kapazitäten, ferner die Wirkwiderstände aus den Messungen bekannt sind, lassen sich die Dekremente und der Ausdruck $\pi/\vartheta = U_{\text{res}}/U_b$ berechnen. Man erhält z. B. für $C = 0{,}001\,\mu\text{F}$ ($\lambda = 800$ Meter) das Dekrement $\vartheta = 0{,}0217$ und daher $\pi/\vartheta = 144{,}8$, d. h. die gleiche Zahl, die aus dem Verhältnis der berechneten Resonanzspannung und der gemessenen Betriebsspannung (Tabelle 4) gefunden wurde. Die Spannungsverstärkung ist zehnmal so groß wie früher im Niederfrequenz-Resonanzkreis, was sich auch in einer ganz veränderten Form der Resonanzkurve ausdrücken muß (vgl. Abb. 12). — In der Tabelle 4 zeigt die letzte Meßreihe die größte Spannungsverstärkung, daher besitzt dieser Kreis die kleinste Dämpfung, d. h. das kleinste Dekrement $\vartheta = \pi/221 = 0{,}0142$; dieser Kreis hat also unter allen übrigen die schärfste Abstimmung.

Bei den Messungen ist besonders darauf zu achten, daß die Betriebsspannung allein durch die Transformatorspule erzeugt wird und nicht etwa Streufelder auf die Meßspule L gelangen, die sich also in genügender Entfernung vom Generator befinden muß. Die längeren Leitungen bedingen allerdings eine etwas erniedrigte Resonanzfrequenz, als den Rechengrößen entspricht, doch bleibt die Änderung so gering, daß sie zu vernachlässigen ist. — Die Messung der Betriebsspannung erfolgt außerhalb der Resonanz, damit nicht etwa geringe Resonanzspannungen, die an der Transformatorspule auftreten, die Messung fälschen; auch ist darauf zu achten, daß infolge Zunahme der Belastungen der Generatorstrom bei Eintritt der Resonanz des Meßkreises seine Amplitude nicht verringert; die Betriebsspannung U_b muß für einen Generatorstrom gemessen werden, der dem Strom bei eintretender Resonanz gleich ist; der Strom des Generators ist entweder durch einen kleinen Heizwiderstand, der in den Heizkreis der Röhren eingeschaltet wird, oder besser durch Änderung der Anodengleichspannung des Generators zu regeln.

In der folgenden Tabelle 5 ist noch eine Meßreihe für niedere Frequenzen angegeben. Sie konnten größtenteils nicht mehr mit dem Wellenmesser festgestellt, sondern mußten nach Gl. (24) berechnet werden. Die angegebene Kapazität C besteht aus Glimmerblockkondensatoren, sie wurde aus Blöcken je 0,001 und 0,005 μF hergestellt. Die Betriebsspannung U_b ist, um größere Ströme zu erhalten, teilweise größer als 4 Volt gewählt worden; ihre Einstellung ist einfach und wird dadurch möglich, daß als Spannungsmesser zwei in Reihe geschaltete Miniwattlämpchen dienen, so daß Spannungen bis zu 8 Volt gemessen werden konnten. Das Vergleichslämpchen erfährt keine Umschaltung, die abgelesenen Spannungen müssen nur mit 2 multipliziert werden. — Die Spannungen wurden nicht, wie in Tabelle 4, auf gleiche Werte gebracht, wegen der bereits erwähnten Zieherscheinungen war dies nicht möglich. Da die Resonanzspannungen und -ströme mit der Betriebsspannung proportional zunehmen, ist eine Umrechnung auf gleiche Betriebsspannungen ohne weiteres erlaubt. — Die Spannungsverstärkung ist bei den niederen Frequenzen kleiner geworden, wesentlich eine Folge der höheren Wirkwiderstände. Für die Wellenlängen 800 Meter und 2515 Meter z. B. waren die Kapazitäten gleich groß, die Induktivität ist bei letzterer Frequenz zehnmal so groß, das Verhältnis L/C daher weit günstiger für eine hohe Spannungsverstärkung. Trotzdem ist sie geringer (101 : 145), weil die Wirkwiderstände um das 4,5fache zugenommen haben. Auch das Dekrement ist deshalb beim letzten Kreis größer und hat den Wert etwa 0,04.

Tabelle 5.

Hochfrequente Resonanzspannungen.

λ = 2515 bis 8340 Meter L = 1,78 mHy; Gleichstromwiderstand der Spule 2,1 Ohm.

λ =	f =	C =	U_b =	I_{res} =	U_{res} =	R =	$\mathfrak{R}_L$ =	U_{res}/U_b =	Bemerkungen
2515	$11{,}93 \cdot 10^4$	0,001	7,0	0,53	706	13,2	1332	101	λ gemessen 2530 Meter
3560	$8{,}43 \cdot 10^4$	0,002	6,6	0,64	592	10,3	925	90	λ berechnet
6160	$4{,}87 \cdot 10^4$	0,006	4,4	0,63	343	7,0	545	78	„ „
8340	$3{,}60 \cdot 10^4$	0,011	2,6	0,47	189	5,5	403	73	„ „
Meter	Hertz	μF	Volt	Amp	Volt	Ohm	Ohm	—	

Der Resonanzkreis des Generators wird für diese Messungen mit gleichen Kondensatoren und der gleichen Spule (Spulennorm 2) betrieben wie der Meßkreis; es ist jedoch notwendig, zum Zwecke der Abstimmung auf die Resonanzfrequenz parallel zur Generatorkapazität einen Drehkondensator zu schalten (0,001 μF). Weil die Betriebskapazität des Generators dadurch zugenommen hat, muß die Induktivität des Generators etwas herabgesetzt werden, was einfach durch Abschalten eines kleinen Teiles der Spulenwindungen geschieht.

Zur Aufnahme von Resonanzkurven wird die Frequenz des Generators festgehalten; im Resonanzkreis wird wie früher der Kapazitätswert geändert, während die Induktivität fest bleibt. Zu dem Zweck wird parallel zu einem Festkondensator, z. B. einem Block 0,001 μF, ein Drehkondensator gelegt, dessen

Kennlinie bekannt sein muß; am bequemsten ist ein Kreisplattenkondensator, weil er eine lineare Kennlinie besitzt, doch ist bei bekannter Kennlinie die Form der Kondensatorplatten gleichgültig. Zur Aufnahme der Kurven sind hohe Frequenzen (λ etwa unter 800 Meter) nicht gut geeignet, wenn die Spulen die genannten Induktivitätswerte haben; kleine, kaum ablesbare Änderungen der Kapazität rufen dann schon große Stromänderungen im Meßkreis hervor. Sehr niedere Frequenzen ($\lambda = 6000$ Meter und mehr) sind jedoch auch nicht zweckmäßig, denn es tritt dann der umgekehrte Fall ein, der veränderbare Kondensator ist nicht mehr groß genug. Das gleiche ist der Fall, wenn bei kleiner Wellenlänge die Spule zu klein ist, so daß die Kapazität zu groß werden muß[1].

Für die folgenden Aufnahmen ist eine Frequenz entsprechend einer Wellenlänge λ etwa $= 900$ Meter genommen worden (die Frequenz braucht zur Aufnahme von Resonanzkurven nicht genau bekannt zu sein). Die Frequenz des Generators wurde mit der gleichen Spule und den gleichen Kondensatoren (die Kennlinie des Drehkondensators ist hier belanglos) ausgerüstet wie der Resonanzmeßkreis, der aus einer Spule $L = 0{,}176$ mHy (Norm 1) und einem Blockkondensator 0,001 μF mit parallelgeschaltetem Meßkondensator von bekannter Kennlinie zusammengesetzt wurde. — Letzterer wird zu Beginn der Messung auf einen mittleren Wert eingestellt, damit nach beiden Seiten gleich weite Änderungen der Kapazität vorgenommen werden können; in dieser Stellung wird der Kreis zur Resonanz mit der Generatorfrequenz durch Abstimmen des Generators gebracht. — Zur Erregung der Betriebsspannung diente die gleiche Spule wie vorhin, abgesehen von den erwähnten Änderungen blieb die Schaltung die gleiche (vgl. Abb. 19). Der Generatorstrom bei Resonanz hatte den Betrag 1,6 Amp und wurde für alle Messungen auf diesen Wert geregelt.

In der Tabelle 6 stehen die Messungen für 2 Kurven, und zwar 1. für die Resonanzkurve des Kreises mit seinem normalen Wirkwiderstand R, 2. für die Resonanzkurve des Kreises mit eingeschaltetem Zusatzwiderstand 10 Ohm. Der Wirkwiderstand R des Kreises wurde nach dem bekannten Verfahren bestimmt und betrug 2,8 Ohm; bei der zweiten Aufnahme wuchs der Wirkwiderstand auf 13,7 Ohm, da der Wirkwiderstand 10 Ohm bei Hochfrequenzdurchgang höher wurde (Hauteffekt). Die Betriebsspannung war bei den Aufnahmen 1 2,8 Volt, bei den Aufnahmen 2 7,8 Volt; die Erhöhung wurde notwendig, weil die Resonanzströme sonst zu klein wurden. Der Resonanzwert C_{res} beträgt für beide Messungen 1266 pF. Durch Verstellen des geeichten Kondensators aus der

[1] Die Wahl zu kleiner Spulen hat aber auch noch einen anderen Nachteil. Die Spulen (wenigstens Norm 1) haben an sich schon einen kleinen Induktivitätsbetrag, dessen Bestimmung eine gute Meßbrücke voraussetzt; je kleiner die Spulen, um so schwieriger ist ihre Bestimmung in der Brücke, um so weniger ist aber auch die Betriebsinduktivität der Kreise definiert, weil dann die Nebeninduktivitäten gegenüber der Spule an Bedeutung gewinnen. Aus allen diesen Gründen sind zu kleine Spulen nicht vorteilhaft, wenn Messungen ausgeführt werden sollen. Für bloße Schauversuche sind diese Hinweise ungültig.

Tabelle 6.

Aufnahme zweier Resonanzkurven, Frequenz $= 3{,}37 \cdot 10^5$ Hertz ($\lambda = 890$ Meter).

Betriebsspannung für 1) 2,3 Volt, für 2) 7,8 Volt. $C_{res} = 1266$ pF.

Wirkwiderstand R für 1) 2,8 Ohm, für 2) 13,7 Ohm. $L = 0{,}176$ mHy.

1.						2.					
$I =$	$C_{res}+C_1=$	$C_{res}-C_2=$	$I/I_{res}=$	$C/C_{res}>1=$	$C/C_{res}<1=$	$I =$	$C_{res}+C_1=$	$C_{res}-C_2=$	$I/I_{res}=$	$C/C_{res}>1=$	$C/C_{res}<1=$
0,81	1266	1266	1	1	1	0,57	1266	1266	1	1	1
0,41	1282	1251	0,506	1,012	0,988	0,40	1300	1234	0,702	1,026	0,974
0,30	1290	1242	0,370	1,018	0,981	0,30	1329	1212	0,526	1,049	0,956
0,20	1307	1230	0,247	1,032	0,972	0,20	1378	1178	0,351	1,087	0,930
0,10	1347	1196	0,123	1,063	0,945	0,15	1456	—	0,263	1,149	—
—	—	—	—	—	—	0,1	—	1090	0,20	—	0,861
Amp	pF	pF	—	—	—	Amp	pF	pF	—	—	—

Resonanzlage wurden die Werte $C = (C_{res} + C_1)$ bzw. $C = (C_{res} - C_2)$ gefunden, die gleiche Ströme I zur Folge hatten; in den Tabellen stehen zunächst die Ströme I_{res}, dann folgen die Ströme I. Aus den Verhältnissen C/C_{res} und I/I_{res} (diesmal für U/U_{res} geschrieben) werden dann entsprechend Gl. (10) die Resonanzkurven gezeichnet, wie in Abb. 20 geschehen ist. Die Kurven können ohne weiteres mit den Kurven der Abb. 12 verglichen werden, und man erkennt die große Erhöhung der Resonanzschärfe gegenüber den niederfrequenten Aufnahmen; dementsprechend muß auch die Spannungsverstärkung außerordentlich zugenommen haben. Die Ursache liegt nur zum Teil in den sehr viel kleineren Wirkwiderständen, die Zunahme der Spannungsverstärkung ist auch in dem besseren Verhältnis L/C zu suchen, das mehr als etwa den 6fachen Wert hat wie früher. In der Meßreihe 2 sind die Wirkwiderstände höher als bei den Aufnahmen der Tabelle 2 (13,7 gegen 9,76 Ohm), und trotzdem ist die Resonanzschärfe größer. Die Berechnung von ϑ und U_{res}/U_b ergibt für die erste Resonanzkurve die Werte 0,0236 bzw. 133 und für die zweite $\vartheta = 0{,}1156$ und $U_{res}/U_b = \pi/\vartheta = 27{,}2$. Für die Niederfrequenzkurve waren die Zahlen nur 0,212 und 14,8.

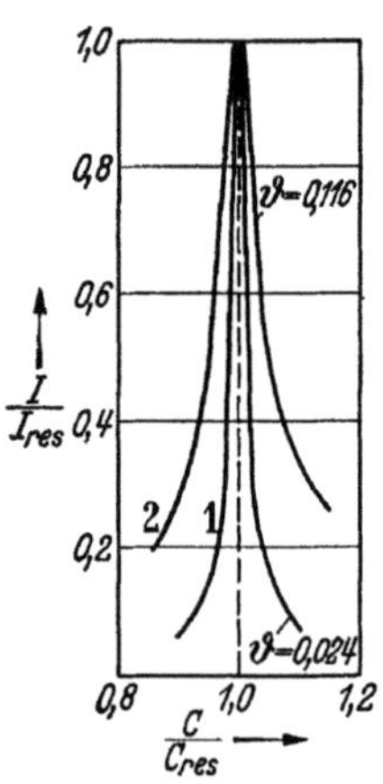

Abb. 20. Hochfrequenz-Reihenresonanzkurven.

Eine Herabsetzung der Wirkwiderstände um mehrere Größenordnungen ist auch bei Hochfrequenzkreisen nicht möglich — Wirkwiderstände unter 0,5 Ohm sind schon schwer zu erzielen, auch bei sorgfältig zusammengesetzten Kreisen —, aber eine Heraufsetzung bzw. Herabsetzung des Verhältnisses L/C um mehrere Größenordnungen ist leicht auszuführen, wodurch sich die Spannungsverstärkungen und die Dämpfungsdekremente der Hochfrequenzkreise willkürlich stark verändern lassen. — Nicht immer hat bei Versuchen oder Messungen ein möglichst hohes Verhältnis L/C einen Vorteil, es kommt auch vor, daß ein kleines Verhältnis L/C zweckmäßiger, die Spannungsverstärkung also nur gering ist. Die Kapazität wird dann verhältnismäßig groß, so daß die Kreise gegen Verstimmung durch Zuschalten von Kapazität unempfindlicher, im extremen Falle sogar sehr unempfindlich werden (vgl. S. 38). Es ist z. B. wichtig, daß geeichte Kreise elektrisch nicht streuen, d. h. gegen Näherung von Leitern oder Halbleitern unempfindlich sind, eine Eigenschaft, die als „Handkapazität“ bezeichnet wird. Je kleiner die Resonanzspannung eines Kreises wird, um so weniger Streuung bzw. Handkapazität wird er zeigen, eine Folge und Wirkung einer im Verhältnis zur Induktivität hohen Kapazität.

Schauversuche.

Zur Spannungsresonanz lassen sich mit Wechselströmen hoher Frequenz zahlreiche sehr wirksame Schauversuche zeigen, von denen einige beschrieben seien. Als Versuchsanordnung wird die Schaltung nach Abb. 19 etwas abgeändert: Die Transformatorspule *Tr* wird nicht mehr benutzt. An ihrer Stelle dient die Spule L selbst zur Erzeugung der Betriebsspannung; bei den messenden Versuchen durfte sie vom Generatorfeld nicht induziert werden, jetzt wird sie so weit an den Generator gesetzt, daß der Strom I_{res} den gleichen Betrag wie früher erreicht, z. B. bei einer Wellenlänge $\lambda = 700$ Meter (vgl. Tabelle 4) den Betrag 1,2 Amp. Da sich im Kreis im übrigen nichts geändert hat, insbesondere der Wirkwiderstand (abgesehen von dem vernachlässigbaren Widerstand der Transformatorspule und der Verbindungsleitungen) keine Änderung erfahren hat, muß bei gleichem Resonanzstrom auch die Betriebsspannung die gleiche geblieben sein (im vorliegenden Falle 3,7 Volt), die also jetzt ausschließlich durch Induktion in die Spule L erzeugt wird[1]. Wird an Stelle des Instruments ein Lämpchen (Einwattlämpchen) in den Resonanzkreis geschaltet, dessen Widerstand etwa 17,5 Ohm beträgt, so ist dieser Widerstand gegen den übrigen Wirkwiderstand im Kreise groß (17,5 Ohm gegen etwa 3 Ohm). Wird daher das Lämpchen durch richtige Wahl des Annäherns der Spule L an den Generator auf normale Leuchtdichte gebracht, so zeigt es nahezu die im Kreise wirksame Betriebsspannung an (3,5 Volt), gleichzeitig brennt eine Glimmlampe (Normalspannung 220 Volt), die nur an eine Unterteilung der Spule L gelegt wird, infolge der hohen Resonanzspannung. Sobald die Resonanzkapazität verstimmt oder der Kondensator sogar ganz fortgenommen wird, müssen beide Lampen notwendig erlöschen, weil die neutralisierende Wirkung der Kapazität fehlt und deshalb der hohe Blindwiderstand der Spule wirksam wird, der ja nach den Messungen mehrere hundert Ohm beträgt. Soll dieser überwunden werden, d. h. sollen die beiden Lampen brennen, so muß die Spule L fast über die Generatorspule gehalten werden, um die notwendige

[1] Es ist vielleicht nicht ohne weiteres ersichtlich, warum hier wieder eine Reihenresonanzschaltung vorliegt. Die Abb. 2 kann zur Erklärung dienen. Würde man eine Parallelresonanzschaltung des induzierten Kreises annehmen, so müßte der Strom durch L und C außerhalb der Resonanz verschiedene Werte haben, und außerdem könnte eine höhere Spannung als die induzierte Betriebsspannung nicht auftreten, die Spulenspannung müßte stets diesen Wert behalten. Alles das tritt nicht ein, die Schaltung ist also eine Reihenresonanzschaltung nach der Ersatzschaltung der Abb. 2 geblieben.

Betriebsspannung von etwa 100 Volt zu erzeugen. — In normaler Stellung der Spule L, d. h. bei einer induzierten Spannung von etwa 4 Volt, tritt sofort nach Verlassen der Resonanz Erlöschen der Lampen ein, der Kreis zeigt dadurch die sehr scharfe Abstimmung. — Wird bei gleichbleibender Frequenz die Betriebsinduktivität durch Ausschalten eines Teils der Spule aus dem Kreis verkleinert, die Kapazität also vergrößert, wobei die Betriebsspannung auf gleichem Wert (gleiche Leuchtdichte des Stromlämpchens) gehalten wird, so nimmt die Resonanzspannung ab; bei weiter verkleinerter Induktivität ist endlich die Glimmlampe auch bei Abstimmung des Kreises dunkel, die zwar weniger scharf geworden ist, aber sehr ausgeprägt bleibt.

Alle Resonanzwellenmesser arbeiten nach den Gesetzen der Reihenresonanz. Soll die Frequenz, also die Wellenlänge, mittels eines Resonanzwellenmessers (grob) bestimmt werden, so wird heute in der Regel ein Indikatorlämpchen gleicher Art, wie es oben benutzt worden ist, in den Wellenmesserkreis eingeschaltet, dessen Kapazität (Drehkondensator) verändert wird und dessen Spule einen Festwert hat, wenigstens innerhalb eines bestimmten Meßbereiches. Die Frequenz eines Wechselstromes, z. B. eines Röhrengenerators, ist gleich der Resonanzfrequenz des Wellenmessers, wenn beim Einstellen des Drehkondensators das Indikatorlämpchen aufleuchtet. Da die Resonanzspannung bei festem R (Lampe), bei gleichbleibendem Resonanzstrom und beibehaltener Spule zunimmt, wenn die Frequenz wächst, wobei in der Regel auch der Wirkwiderstand des Kreises zunimmt, so kann am Kondensator des Wellenmessers oder an seiner Spule bei hohen Frequenzen, d. h. also bei kleinen Kondensatorwerten, die Spannung so hoch werden, daß die Isolation durchschlagen wird.

Jede Spule besitzt infolge ihrer Isolation eine gewisse, je nach der Wicklungsart mehr oder weniger große „Eigenkapazität", die Spule ist infolgedessen abstimmungsfähig wie ein normaler Kreis, die Abstimmung geschieht am Generator; infolge der im Verhältnis zur Kapazität oft sehr hohen Induktivität wird die Abstimmungsschärfe einer solchen Spule sehr groß, wenn ihre Wirkwiderstände hinreichend klein sind. Die Resonanzfrequenz der Spule Norm 2 (= 1,78 mHy) wurde gemessen, indem sie in die Nähe des Generators gebracht und an die Spule ein Prüflampenkreis (vgl. S. 56) gekoppelt wurde. Das Lämpchen zeigte eine sehr scharfe Abstimmung an, die Resonanzfrequenz entsprach einer Wellenlänge λ etwa $= 165$ Meter; da L bekannt ist, kann nach Gl. (24) die Kapazität berechnet werden, sie beträgt etwa 4,3 pF (etwa 3,9 cm). Der Wirkwiderstand der Spule ist nicht bekannt und nach dem Resonanzverfahren auch nicht meßbar, weil in die Spulenwicklung ein Strommesser nicht zu schalten war, aber selbst bei einer Annahme $R = 100$ Ohm, ein sicherlich zu großer Wert, wird das Dekrement erst 0,0154, U_{res}/U_b also $= 204$[1].

[1] Das sind nur Überschlagsrechnungen. Genau genommen ist der Wert L nicht mehr fest definiert und daher auch die Berechnung von C fehlerhaft, da der Spulenstrom nicht mehr überall gleich ist; an den Spulenenden ist er Null. Dasselbe gilt auch für die Rechnungen an der Seibtschen Spule.

Eine Spule, deren Induktivität gegenüber ihrer Eigenkapazität besonders groß ist, deren Resonanzspannung daher bei hinreichender Betriebsspannung sehr hohe Beträge erreichen muß, wenn die Dämpfung der Spule nicht extrem groß ist, hat Seibt angegeben (Seibtsche Spule). Sie trägt nur eine Lage, ist gegenüber ihrem Durchmesser lang und muß eine große Zahl Windungen besitzen, damit die Induktivität möglichst groß wird. Spulen mit mehreren Lagen sind nicht brauchbar, weil ihre Eigenkapazität sehr viel größer ist als die einer einlagigen Spule, und weil außerdem die höhere Dämpfung der Mehrlagenspule die Resonanzspannung herabsetzt. — Für den hier beschriebenen Versuch wurde eine 90 cm lange einlagige Spule benutzt, der Spulenkörper (Preßspan) hatte etwa 6 cm Durchmesser. Die Zahl der Windungen war etwa 1500 bei einem Drahtdurchmesser 0,5 mm (mit Bespinnung etwa 0,6 mm). Die Induktivität einer so langen Spule läßt sich nach einer einfachen Formel berechnen, es ist $L = 4\pi w^2 F/l \cdot 10^{-9}$ Henry; hierin ist w die Windungszahl, F die Fläche der einzelnen Windung, l die Länge der Spule. Daraus ergibt sich die Induktivität $L = 8{,}88$ mHy, ein Wert, der von einer Brückenmessung nur ganz geringe Abweichung (unter 1%) zeigte. Die Resonanzfrequenz der Spule entsprach etwa einer Wellenlänge $\lambda = 190$ Meter; daraus berechnet sich die Eigenkapazität der Spule zu etwa 1,145 pF. Wird die Spule (senkrecht stehend) in ihrer Mitte durch die Generatorspule[1] erregt, so ist die hochfrequente Resonanzspannung an den Spulenenden so hoch, daß eine nur in die Nähe der Spulenenden gehaltene Glimmlampe aufleuchtet; die Abstimmung ist so scharf, daß eine Näherung der Hand bereits eine so große Verstimmung hervorruft, daß die Resonanzspannung verschwindet. — Über die Höhe dieser Spannung ist eine genaue Angabe nicht möglich, weil Strom und Spannung nicht mehr „quasistationär" sind[2]; ein über die Spule geschobener Prüfring zeigt ein größtes Feld in der Spulenmitte, während an den Spulenenden die Induktion auf den Ring fast verschwindet, das Feld der Spule und also ihr Resonanzstrom zeigen nicht mehr gleichmäßige Verteilung; die Berechnung der Resonanzspannung ist daher nur in Annäherung möglich. Der Blindwiderstand der Spule für die Resonanzfrequenz beträgt etwa 88000 Ohm; die Spule konnte in ihrer Mitte unterbrochen werden, so daß ein Amperemeter einzuschalten war, das einen Resonanzstrom $I_{res} = 0{,}21$ Amp anzeigte. Nimmt man die Hälfte dieses Stromes als mittleren Wert, so erreicht die Resonanzspannung einen Effektivwert von etwa 8800 Volt. Über die Betriebsspannung dieses Resonanzkreises können genaue Angaben nicht gegeben werden; die Kopplung zum Generator war verhältnismäßig fest, weil die Spule nahe an die Generatorspule herangeschoben war; aus anderen (hier nicht angegebenen) Messungen ließ sich schätzen, daß die Betriebsspannung etwa 50 Volt betragen mochte. Wird dieser Wert als richtig angenommen, so ist die Spannungsver-

[1] Zur Erzeugung dieser hohen Frequenz wurde eine Kurzwellenspule 12 Wdg. genommen, die normale Spule (0,176 mHy) erwies sich als zu groß. Sonst blieb die Anordnung des Generators wie bisher; der Generatorstrom betrug mehr als 5 Amp.

[2] Vgl. Fußnote S. 36.

stärkung $U_{res}/U_b = 176$ und $\vartheta = \pi/176 = 0{,}0178$. Der resultierende Wirkwiderstand der Spule beträgt etwa $50/0{,}1 = 500$ Ohm; trotz dieses hohen Wirkwiderstandes, der durch Hauteffekt und durch dielektrische Verluste der Wicklung, zum kleinen Teil auch durch Strahlung bedingt ist, ist die Spannungsverstärkung sehr hoch, die Dämpfung klein infolge des extrem großen Verhältnisses L/C.

Wird im Gegensatz zu den Verhältnissen der Seibtschen Spule die Induktivität sehr klein, die Kapazität sehr groß gehalten, wobei der Wirkwiderstand normalerweise sehr abnimmt, so ergibt sich auch bei großen Resonanzströmen eine sehr kleine Resonanzspannung, ein Fall, der sich ebenfalls praktisch darstellen läßt. Ein Becherkondensator mit der Kapazität 0,2 μF wurde mit einer Kurzwellenspule 2 Wdg. zusammengeschaltet, in den Kreis wurde ein Amperemeter gelegt. Die Resonanzfrequenz des so entstandenen Kreises entsprach einer Wellenlänge λ etwa $= 700$ Meter. Die Betriebsspannung für diesen Kreis wurde bei offener Spule nach dem erläuterten Verfahren gemessen, sie betrug 1,8 Volt. Der Resonanzstrom stieg auf etwa 4,2 Amp, so daß daraus der Wirkwiderstand des Kreises zu $1{,}8/4{,}2 = 0{,}43$ Ohm gefunden wurde. Die im Kreise verbrauchte Wirkleistung kann hieraus berechnet werden und betrug etwa 7,7 Watt, die im wesentlichen im (schlechten) Dielektrikum des Kondensators verbraucht wurde, der Kondensator wurde warm. Die Betriebsinduktivität des Kreises kann wieder nach Gl. (24) gefunden werden, sie ist $0{,}69 \cdot 10^{-6}$ Hy, die Resonanzspannung $\omega L \cdot I_{res}$ beträgt also nur etwa 7,8 Volt, sie ist nur wenig größer als die Betriebsspannung. Das Dekrement dieses Kreises ist $\vartheta = 0{,}728$ und $\pi/\vartheta = 4{,}32$. Der Kreis ist außerordentlich gedämpft und seine Resonanzkurve würde außergewöhnlich flach verlaufen; noch bei Anlegen einer Zusatzkapazität von 1000 pF zeigte der Resonanzstrom keinerlei Änderung.

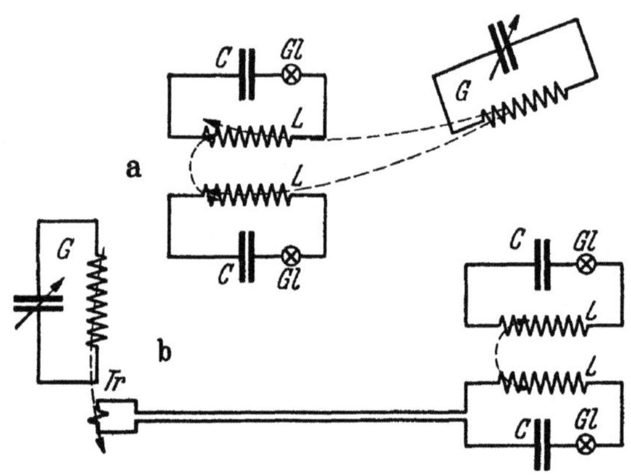

Abb. 21. Erregungsarten des Hochfrequenz-Reihenresonanzkreises durch das Spulenfeld des Generators G.

Endlich soll hier noch ein Versuch beschrieben werden, bei welchem zwei gekoppelte Resonanzkreise Doppelresonanz, d. h. Abstimmung für zwei Frequenzen, zeigen. Werden zwei Resonanzkreise LC (Abb. 21) zunächst jeder für sich auf eine bestimmte gleiche Frequenz abgestimmt und ihre Spulen dann miteinander gekoppelt, so verschwindet in beiden Kreisen die Abstimmung; dafür sind jedoch beide Kreise auf zwei andere Frequenzen resonanzfähig geworden, die oberhalb bzw. unterhalb der ursprünglichen Resonanzfrequenz liegen. Die Erscheinung hat ihre Ursache darin, daß bei Erregung durch den Generator die Wechselströme in den beiden gekoppelten Kreisen entweder gleichphasig oder in entgegengesetzter Phase verlaufen können. Im ersteren Fall sind auch die

Spulenfelder gleichphasig, d. h. sie addieren sich, im zweiten Fall sind die beiden Felder stets gegeneinander gerichtet, sie subtrahieren sich; im ersteren Fall stellt sich daher die kleinere Frequenz (größere Wellenlänge λ_1) ein, weil die resultierende Induktivität größer geworden ist, im zweiten Fall tritt das Umgekehrte ein, die kleinere Welle λ_2 bildet sich aus, wenn der Generator mit der entsprechenden Frequenz arbeitet. Dabei ist es ganz gleichgültig, ob die Erregung der Betriebsspannung durch den Generator etwa nach der Anordnung Abb. 21 a oder b erfolgt, d. h. ob die Betriebsspannung unmittelbar in die beiden gekoppelten Spulen induziert oder mit Hilfe eines besonderen Transformators erzeugt wird, der die Spannung nur in einen der beiden Kreise bringt; die Transformatorspule ist die gleiche wie die bei den Messungen benutzte (1 Wdg.).

Aus den beiden gefundenen Resonanzfrequenzen läßt sich nach einer Beziehung, deren Ableitung hier zu weit führen würde, der sog. Kopplungsgrad der beiden Spulen berechnen, es ist:

$$\varkappa = \frac{\lambda_1^2 - \lambda_2^2}{\lambda_1^2 + \lambda_2^2} = \frac{f_2^2 - f_1^2}{f_2^2 + f_1^2}\,.$$

Es war z. B. bei zwei gekoppelten Kreisen, für welche die Spule Norm 1 ($L = 0{,}176$ mHy) benutzt wurde, $\lambda_1 = 750$ Meter, $\lambda_2 = 580$ Meter, woraus sich nach der angegebenen Formel ein Kopplungsgrad der beiden Spulen $\varkappa = 25{,}2\%$ berechnete. — Bei festerer Kopplung rücken die beiden Resonanzfrequenzen weiter auseinander, die kleinere Frequenz nimmt ab, die größere wächst; im nicht erreichbaren Grenzfall $\varkappa = 100\%$ ist $\lambda_2 =$ Null geworden, λ_1 hat den zweifachen Betrag der Wellenlänge λ bei nicht gekoppelten Kreisen erreicht[1].

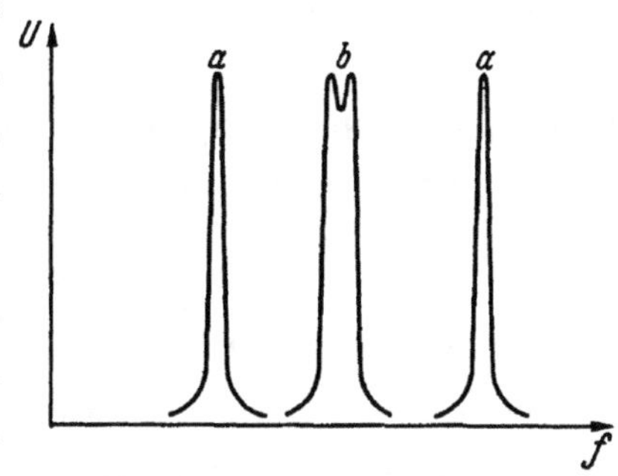

Abb. 22. Kopplungsfrequenzen.

Je loser die Kopplung der beiden Spulen ist, um so näher rücken die beiden Koppelfrequenzen zusammen; bei größerer Kopplung ergibt sich ein Bild des Verlaufs der beiden Abstimmungen nach Abb. 22a, die beiden Maxima der Ströme bzw. der Resonanzspannungen liegen weit auseinander, zwischen den beiden Resonanzfrequenzen bzw. den beiden zugehörigen Einstellungen des Generatorkondensators sind die Ströme in beiden Kreisen bzw. die Spannungen an ihren Spulen fast Null. Wird aber die Kopplung loser, so stellt sich schließlich der Zustand ein, der in Abb. 22b gezeichnet ist: Zwischen den beiden Maxima sinkt der Strom nur um geringe Bruchteile ab, die beiden gekoppelten Kreise sprechen auf ein größeres „Frequenzband" an, sie sind für die Frequenzen innerhalb dieses Bandes sehr empfindlich und abstimmungsfähig, erzeugen also

[1] Das gilt, wenn beide Spulen gleich sind, wie hier vorausgesetzt wird. Koppelwellen stellen sich auch ein, wenn beide Kreise vor der Kopplung nicht auf die gleiche Frequenz abgestimmt, Spulen und Kondensatoren ungleich sind. Dann sind die Ströme in den beiden Kreisen nicht mehr gleich, und die Verhältnisse werden sehr viel schwieriger.

bei Erregung mit diesen Frequenzen hohe Resonanzspannungen, während sie für alle übrigen Frequenzen nicht ansprechen. — Das Aneinanderrücken der beiden Koppelwellen bei Entfernen der beiden Spulen voneinander läßt sich nach der Anordnung der Abb. 21 leicht zeigen, zum Schauversuch dienen als Strommesser am besten Lämpchen.

In der Fernmeldetechnik haben die loser gekoppelten Resonanzkreise unter dem Namen „Bandfilter“ große Bedeutung erhalten. Die Bandfilter lassen nur die (zusammenliegenden) Frequenzen durch, auf welche sie abgestimmt sind, d. h. sie zeigen Spannungsverstärkung — das ist ihre Bedeutung — nur für diese Frequenzen (vgl. auch S. 45).

Daß die Wechselströme in den beiden gekoppelten Spulen bei der höheren Frequenz um 180° phasenverschoben verlaufen müssen, zeigt folgender Versuch: Wird der Ring mit der Prüflampe in den Raum zwischen die beiden gekoppelten Spulen gebracht, und zwar so, daß seine Entfernung von beiden Spulen die gleiche ist, so ist das Lämpchen dunkel; das ist nur möglich, wenn die von beiden Spulen in den Ring induzierte Spannung entgegengesetzt gleich ist, wenn also die beiden Felder die entgegengesetzte Richtung haben, daher ebenso wie die Ströme um 180° phasenverschoben sind. Wird der Ring einer der beiden Spulen genähert, so wird das Lämpchen sofort erregt, weil eins der beiden Felder dann überwiegt. — Wird die kleine Koppelfrequenz erregt, so zeigt sich die Erscheinung nicht, die Induktion auf das Lämpchen ist vielmehr innerhalb des Raumes zwischen den beiden Spulen so groß geworden, daß es kaum möglich ist, den Ring überhaupt ganz hineinzubringen, das Lämpchen wird vorher durchbrennen.

Aus dem Kopplungsgrad läßt sich auch die „gegenseitige Induktion“ M der beiden Spulen berechnen. Allgemein ist $\varkappa = \sqrt{\frac{M^2}{L_1 L_2}}$; im besonderen Fall, daß beide Spulen gleich sind, wird $\varkappa = M/L$ oder $M = \varkappa L$. Nach dieser Formel berechnet sich die Gegeninduktivität der beiden gekoppelten Spulen nach dem vorher berechneten Kopplungsgrad zu etwa 0,044 mHy.

III. Versuche und Messungen zur Parallelresonanz.

Die Versuche und Messungen zur Parallelresonanz mit Hochfrequenz in der gleichen Weise wie für die entsprechenden Niederfrequenzversuche sind, soweit es sich um Schauversuche handelt, leicht durchführbar; die Messungen sind schwieriger, weil einige Instrumente notwendig sind (z. B. ein Hochfrequenzspannungsmesser), die nicht überall zur Verfügung stehen; trotzdem sollen die Messungen hier angegeben werden, weil sie sehr anschaulich dazu beitragen, die „Anpassung“ der Röhre an ihren Resonanzkreis, d. h. das Verhalten des Röhrengenerators, zu erklären.

Es sollen zunächst die Versuche ohne äußeren Widerstand R erläutert werden, deren Aufbau im Prinzip nach Abb. 3 erfolgt; die Anordnung ist mit den notwendigen Abänderungen in Abb. 23 dargestellt. Die Wirkwiderstände R_L und R_C sind der Einfachheit wegen nicht gezeichnet. Der Resonanzkreis wird durch die

Größen L und C bestimmt, deren Zahlwert wie in Kap. II etwa gleich den entsprechenden Größen des Generators G sein muß. Die Ströme I_L und I_C werden mit Hochfrequenzamperemetern (Hitzdraht- oder Thermoinstrumente) gemessen, desgleichen der Strom I außerhalb der Resonanz. Bei Resonanz wird der Strom I so klein, daß ein normales Instrument versagt; da aber die Feststellung von I in diesem Falle wichtig ist, läßt sich ein anderes Verfahren mit gutem Erfolg anwenden. Man schaltet in den äußeren Kreis für ein Amperemeter ein empfindliches Lämpchen (Miniwatt, 0,04 Amp, Klemmenspannung 1 Volt) mit weit kleinerem Widerstande, als es vorhin zur Spannungsmessung benutzt worden ist. In diesem Fall arbeitet es als Strommesser, der Strom wird durch Vergleichung mit einem zweiten Miniwattlämpchen gleicher Art bestimmt, dessen Strom mit einem Gleichstrommilliamperemeter gemessen wird; bei gleicher Lichtintensität ist der Hochfrequenzstrom I derselbe wie der Gleichstrom, wobei wie früher die Mittelwerte in Effektivwerte umgerechnet werden müssen. Das Verfahren ergibt wie das Spannungsmeßverfahren auf etwa $\pm 2\%$ genaue Bestimmungen; bei größeren Strömen I werden 2 Lämpchen oder mehr parallel geschaltet; kleinere Ströme als etwa 10 mAmp sind nach diesem Verfahren nicht zu bestimmen. — Der Spannungsmesser U_b (Abb. 23) ist ein Hitzband-Hochfrequenzinstrument (Meßbereich etwa 300 Volt, Widerstand 2010 Ohm). — Die Transformatorspule Tr muß, wie bei den Niederfrequenzversuchen, infolge des hohen Widerstandes des Resonanzkreises eine höhere Spannung liefern als bei den Reihenresonanzversuchen, man braucht eine Spule, deren Windungszahl sich nach der Frequenz richtet; für Wellenlängen bis 1500 Meter bei Verwendung des beschriebenen Generators ist eine Spule etwa mit 10 Wdg. notwendig, die in die Generatorspule gesetzt wird; bei kleineren Frequenzen muß die Windungszahl größer sein.

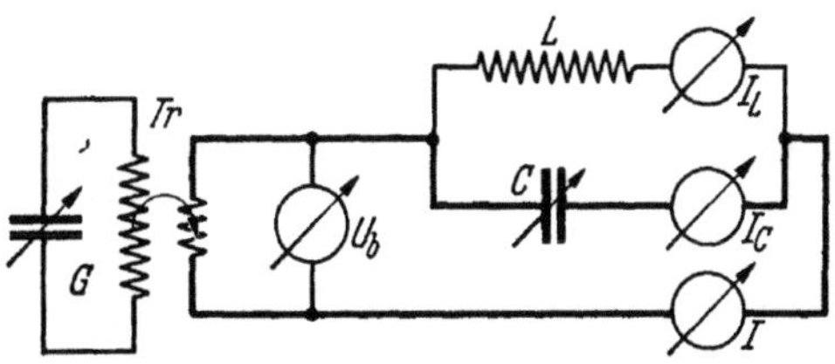

Abb. 23. Durch den Generator G erregter Hochfrequenz-Parallelresonanzkreis.

Die Induktivität dieser Transformatorspule ergibt nun eine wenigstens bei kleinen Generatoren nicht zu überwindende Schwierigkeit; bei größeren Generatoren, die hohe Stromstärke liefern, fällt sie fast fort, weil in diesem Falle die Spule Tr nur aus 2 oder 3 Windungen zu bestehen braucht[1]. Die Spule bildet zu-

[1] Bei den Niederfrequenzversuchen fielen die auftretenden Schwierigkeiten fort, weil der Resonanzkreis am Netz lag, dessen Induktivität in bezug auf den Kreis praktisch Null ist. Wenn auch vielleicht eine geringe Induktivität vorhanden ist, so lag die Resonanzfrequenz, die sie mit C (22 μF) bildete, so viel höher als die Meßfrequenz 50 Hz, daß eine Störung nicht mehr eintrat. — Genau genommen ist die Reihenresonanz nicht durch den in Abb. 23 stark gezeichneten Kreis hergestellt, sondern noch dazu durch die parallel zur Spule Tr liegende Spule L. Wenn $L \gg Tr$ ist, so spielt L in dieser Beziehung keine Rolle; wird aber L kleiner, so ist die Reihenresonanz durch sie mitbestimmt, die resultierende Induktivität ist kleiner als die Induktivität Tr, und die Resonanz tritt für eine höhere Frequenz als erwartet ein.

sammen mit dem Kondensator C einen Reihenresonanzkreis (in Abb. 23 stark gezeichnet), dessen Strom sich dem Strom des Parallelresonanzkreises überlagert. Je weiter außerhalb dieser Reihenresonanz die Stromresonanzmessungen ausgeführt werden (wie bei den Niederfrequenzversuchen), um so kleiner werden die auftretenden Fehler, ganz vermeiden lassen sie sich nicht. — Nach der Theorie, wie die Niederfrequenzversuche gut bestätigt haben, soll bei gleichbleibender Betriebsspannung der Strom I_C proportional der Kapazität zunehmen, der Strom I_L bei gleichbleibender Induktivität konstant sein. Beides ist hier nicht der Fall, sondern man findet, daß der Strom I_C mehr als proportional ansteigt und daß auch der Strom I_L wächst. Die Spule Tr hat normalerweise einen weit geringeren Induktivitätswert als die Spule L, d. h. die Resonanzfrequenz $f_{(L_{Tr}, C)}$ ist weit größer als die Resonanzfrequenz $f_{(L, C)}$; wenn daher die Kapazität C vergrößert wird, so herrscht in dem stark gezeichneten Teil des Kreises (vgl. Abb. 23) ein Zustand, wie er auf dem linken Teil der Resonanzkurve ausgeprägt ist: Strom und Spannungen U_L und U_C nehmen zu (vgl. Abb. 12 und Tabelle 2). Die Spannung U_C liegt aber in diesem Fall auch an der Spule L, deren Strom also nach Gl. (3) infolge der wachsenden Spannung steigen muß; der Strom I_C erfährt eine Zunahme, die größer ist, als dem wachsenden Wert C entspricht, weil sich die Zunahme des Reihenstromes der normalen Zunahme überlagert. — Wegen dieser notwendig auftretenden Fehler sind Messungen zur Parallelresonanz ohne äußeren Widerstand R nicht ausgeführt. Über die Schauversuche hierzu, die gut gelingen, wird weiter unten gesprochen.

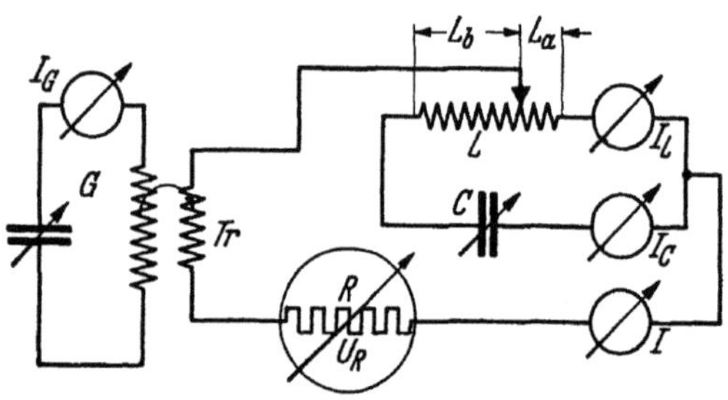

Abb. 24. Anpassung des Hochfrequenz-Parallelresonanzkreises an den äußeren Widerstand R.

Sobald ein hoher Widerstand R in den äußeren Kreis eingeschaltet ist, fällt die Reihenresonanz nicht mehr ins Gewicht, weil die Abstimmung wegen des hohen Widerstandes gänzlich fehlt; für diese Schaltung ist es daher möglich, einwandfreie Messungen auszuführen, die nachstehend angegeben werden. Als Widerstand R kann ein normaler Schiebewiderstand nicht benutzt werden, da ein solcher für Hochfrequenz einen großen Blindwiderstand besitzt und auch wegen der großen Metalloberfläche große Streufelder erzeugt. In den nachstehend erläuterten Messungen ist als Widerstand R das Hitzbandvoltmeter benutzt worden, dessen Widerstand, wie schon bemerkt, 2010 Ohm beträgt; das Instrument erfüllt auf diese Weise eine Doppelrolle, denn es mißt zugleich die Spannung U_R. Die Schaltung ist in Abb. 24 angegeben. Es ist notwendig, die Windungszahl der Transformatorspule Tr noch zwei- bis dreifach zu erhöhen, um möglichst große Ströme im Resonanzkreis zu erhalten. Als Induktivität L des Kreises diente wieder die Norm 1 (0,176 mHy), als Kapazität ein Festkondensator 0,001 μF mit parallel geschaltetem Drehkondensator (wie in Kap. I); die gleichen Größen werden im Generatorkreis gebraucht. Die Höhe der

Frequenz ist an sich gleichgültig, doch ist es wünschenswert, die Frequenz nicht allzu hoch zu nehmen, um die Blindwiderstände herabzusetzen, was für die Messungen günstig ist, wie sich zeigen wird. Als Wellenlänge wurde daher etwa 1200 Meter (genau 1170 Meter) am Generator eingestellt.

Es lassen sich mit der Anordnung zunächst die den niederfrequentenMessungen (Tabelle 3) gleichgearteten Aufnahmen ausführen, d. h. bei ganz eingeschalteter Spule L (vgl. Abb. 5) wird die Kapazität und dadurch der Blindwiderstand des Kreises geändert; bei Resonanzeintritt wird dieser Blindwiderstand ein sehr hoher Wirkwiderstand. Es ergibt sich auf diese Weise eine Kurve, die, abgesehen von der größeren Schärfe gegenüber den Kurven der Abb. 16, nichts Neues zeigt. Die Ströme I_L und I_C sind sehr nahe einander gleich, auch in den Flanken der Kurve, die Spannung $U_{\text{res}} = (U_b - U_R)$ zeigt ein sehr scharfes Maximum, die Spannung U_R dann ein Minimum; die Wirkung des Widerstandes R tritt hier weit ausgeprägter in Erscheinung als bei den Niederfrequenzmessungen. Die Messungen in einer Tabelle oder einem Diagramm anzugeben, erübrigt sich, dagegen ist es lohnend, einige Messungen mit veränderter Ankopplung L_a auszuführen, weil hier die Theorie der Gl. (21) besser bestätigt werden kann als in der Niederfrequenzschaltung. Die Messungen sind in der Tabelle 7 zusammengestellt. Die Kopplungen L_a sind in Windungszahlen der Spule L ausgedrückt,

Tabelle 7.

Hochfrequenzströme und Resonanzspannungen im Parallelresonanzkreis bei verschiedenen Ankoppelungen L_a der Spule an den Widerstand R.

$L_a =$	$U_b =$	$U_R =$	$U_{\text{res}} =$	$I_{\text{res}} =$	$I =$	$\omega L_a =$	$R_{\text{res}} =$	$N =$	$I_{\text{res}}/I =$	$U_L =$
40	159	14	145	0,51	—	283	21700	—	—	145
30	159	20	139	0,62	10	212	12200	1,4	62	176
20	159	39	120	0,80	20	142	5400	2,4	40	227
10	159	100	59	0,91	52	71	1350	3,1	17,5	258
5	159	138	21	0,63	71	35	340	1,5	7,2	178
0	159	159	0	0	80	0	0	0	—	0
Wdg.	Volt	Volt	Volt	Amp	mAmp	Ohm	Ohm	Watt	—	Volt

sie lassen sich ohne weiteres in Induktivitätswerte umrechnen, die z. B. zur Berechnung des Blindwiderstandes ωL_a und des Resonanzwiderstandes R_{res} gebraucht werden. Ein Fehler ergibt sich infolge der Spulenstreuung, doch ist der Fehler nur gering, wie eine Brückenmessung ergab, und tritt nur bei kleinen L_a in Erscheinung. Die feste Spannung U_b wurde vor Beginn der Messungen durch Messung bestimmt, die Generatorströme müssen während der Messung auf dem gleichen Wert gehalten werden wie bei dieser Spannungsmessung. Das geschieht, wie schon früher bemerkt, durch Regulierung der Anodenspannung oder der Heizung der beiden Röhren. Die Spannung U_R wird direkt am Spannungsmesser abgelesen, so daß sich die Spannung U_{res} aus der Differenz $(U_b - U_R)$ berechnen läßt; die Ströme I wurden mittels des Stromlämpchens nach dem beschriebenen Verfahren gemessen; für die erste Reihe war die Messung nicht mehr durchzuführen, weil die Ströme zu klein wurden. Der reelle Widerstand R_{res} wurde aus der Gl. (16) berechnet, der Wirkwiderstand des Kreises R_{kr} wurde vor der Messung aus einer Reihenresonanzmessung bestimmt. Nach den Ergebnissen der Angaben Tabelle 4 müßte der Widerstand kleiner als 2,9 Ohm sein, er betrug tatsächlich 3,7 Ohm, weil ein zweites Amperemeter zur Messung I_C mit einem Widerstand etwa 1,0 Ohm in den Kreis geschaltet wurde. Die Leistung N wurde aus dem Produkt $U_{res} \cdot I$ berechnet, sie ergibt sich ebenfalls aus dem Produkt $I_{res}^2 \cdot R_{kr}$; kleine Abweichungen sind durch die Fehlergrenzen der Ablesungen gegeben. Die Spulenspannung $U_L = -U_C$ ergibt sich aus dem Produkt $\omega L \cdot I_{res}$; bei ganz angekoppelter Spule ($L_a = L$) muß die Spannung U_{res} gleich der Spannung U_L sein, wie die Messung und die Berechnung übereinstimmend ergeben; die Abweichung betrug (in der Tabelle nicht angegeben) nur 2 Volt. — Da der äußere Widerstand R 2010 Ohm beträgt, muß der Resonanzwiderstand R_{res} ebenfalls diesen Wert haben, wenn der Kreis die größtmögliche Leistung aufnehmen, der Strom I_{res} also ein Maximum annehmen soll[1]. Dieser Wert muß daher zwischen den Ankopplungen $L_a = 20$ und 10 Wdg. liegen; es muß dann der Strom $I = \frac{1}{2} I_{max}$ = etwa 40 mAmp, die Spannung $U_{res} = \frac{1}{2} U_b$ = etwa 80 Volt betragen. Da die Tabelle nur Zwischenwerte nennt, wurden die Messungen in Abb. 25 durch eine Kennlinienschar festgehalten. Strom und Spannung erreichen danach gleichzeitig bei der Kopplung etwa 13 Wdg. ihre Halbwerte; der zugehörige Induktivitätswert ist $\frac{13}{40} L = 0{,}057$ mHy, der infolge der Spulenstreuung etwas zu groß ist; daher wird auch R_{res} etwas zu groß, er berechnet sich zu 2300 Ohm. Wird die Induktivität umgekehrt aus dem Wert $R_{res} = 2010$ Ohm berechnet, so erhält man den notwendigen Betrag $L \cong 0{,}05$ mHy, eine Abweichung von etwa 6%, der Fehler ist also nur gering.

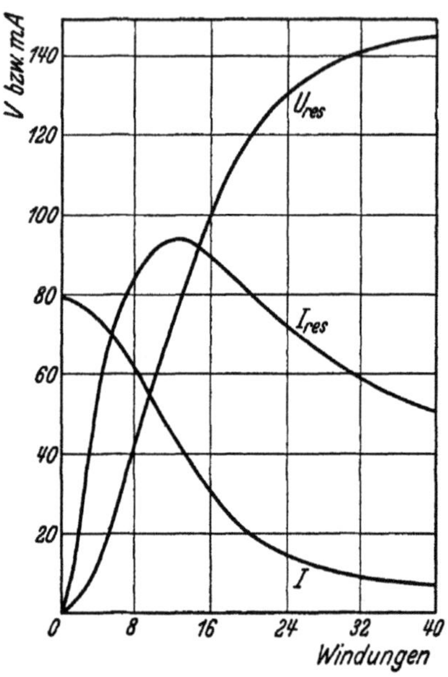

Abb. 25. Ströme und Spannungen des Parallelresonanzkreises nach Abb. 24 in Abhängigkeit von der Ankopplung L_a (Windungszahlen).

Schauversuche.

Ersetzt man den Widerstand R durch den inneren Widerstand R_i einer Röhre (Abb. 26), so müssen sich die gleichen Messungen wie die eben beschriebenen ausführen lassen, wenn der innere Widerstand der Röhre bekannt ist. Er ändert sich bekanntlich stark mit der Emission, d. h. mit der Verschiebung des Röhrenarbeitspunktes, so daß die Messungen umständlich werden und daher hier nicht

[1] Streng genommen muß zu R noch der Widerstand des Strommeßlämpchens zugerechnet werden, der etwa 25 bis 40 Ohm betragen wird, wodurch der äußere Widerstand auf etwa 2050 Ohm steigt. Die Rechnungen werden dadurch noch etwas günstiger.

angegeben werden sollen; als Schauversuch ist aber die Anordnung sehr aufschlußreich. Um die Röhre zur Emission zu veranlassen, muß eine Anodenspannung in den Kreis gelegt werden, irgendeine Gleichspannung, etwa vom Betrag 90 Volt oder mehr, die zur Verfügung steht. Als Röhre kann eine kleinere oder größere Eingitterröhre genommen werden (RE 134, RE 604). Es können auch verschiedene Schaltungen benutzt werden, z. B. Anode und Gitter kurzgeschlossen oder auch das Gitter an Kathode gelegt werden, wie z. B. in der Abb. 26; man erhält damit kleinere bzw. größere Widerstände R und damit eine andere Einstellung L_a für ein Maximum I_{res}; die Abstimmung auf I_{res} bleibt so scharf wie vorher bei den Messungen. So zeigt sich, daß die Röhre die gleiche Rolle ausübt wie ein Widerstand, und daß eine Parallelresonanzschaltung vorliegt; von dieser Anordnung zur Verlegung der Betriebswechselspannung U_b in die Röhre selbst und zu ihrer Selbsterregung ist dann der letzte Schritt. Nimmt man z. B. nach Schaltung Abb. 7, wobei die Röhre fremderregt oder selbsterregt sein kann, den Strom I_{res} als Funktion der Röhrenkopplung L_a auf, so erhält man einen gleichen Verlauf der Kennlinie wie in Abb. 25[1].

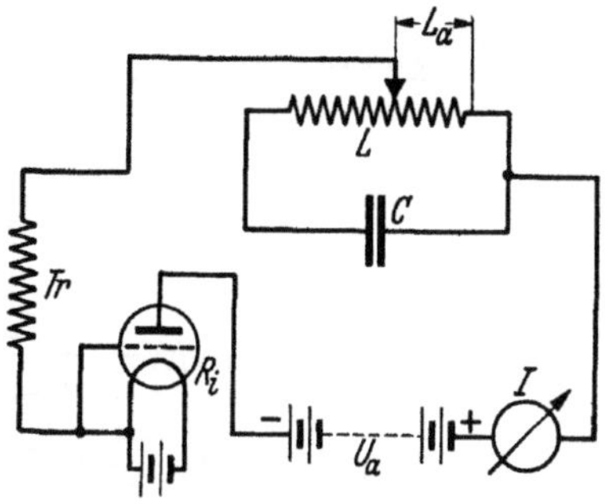

Abb. 26. Die Röhre als äußerer Widerstand R für einen Parallelresonanzkreis.

Werden in Abb. 23 die Instrumente durch Lämpchen ersetzt, so werden die vorhin erläuterten Fehler weniger offenbar; man erhält daher recht gute Schauversuche zur Bestätigung der Theorie. Die Leuchtdichte der Lampen I_L bleibt bei veränderter Kapazität etwa gleich, während die Leuchtdichte der Lampen I_C bei vergrößerter Kapazität steigt. Besonders eindrucksvoll wird der Versuch, wenn die Frequenz verändert wird; dann steigt der Strom I_C bzw. fällt der Strom I_L bei vergrößerter Frequenz, im anderen Fall tritt das umgekehrte Verhältnis ein. Sind I_L und I_C gleich, so ist das (Miniwatt-) Lämpchen I dunkel. — Ein Widerstand R, hier eine normale 10-Watt-Lampe, bewirkt die Abstimmung des Resonanzkreises; bei Resonanz leuchten die Stromlämpchen im Kreis, während die Widerstandslampe dunkel ist. Außerhalb der Resonanz tritt der andere Fall ein. — Das gleiche Ergebnis zeigt sich, wenn die Frequenz geändert wird.

In Fortsetzung der auf S. 40 beschriebenen Versuche sollen hier noch einige weitere angegeben werden, um die ganz verschiedene Wirkung des Reihenresonanzkreises und des Parallelresonanzkreises zu zeigen, wenn sie z. B. auf das Gitter einer Röhre geschaltet sind. In Abb. 27 sind die beiden Schaltungen gezeichnet. In der Abbildung a liegt die Betriebsspannung U_b, die in die Spule Tr durch den Generator (nicht gezeichnet) induziert wird, in Reihe zum Resonanzkreis, es tritt daher bei Resonanz eine Resonanzspannung und eine

[1] Vgl. die in der Fußnote S. 9 angegebene Abhandlung, S. 98 u. f.

große Zunahme der Gitterwechselspannung der Röhre ein; der Anodenstrom der Röhre wächst daher stark an. Nach der Schaltung *b* tritt die umgekehrte Wirkung ein, hier liegt der Kreis, sobald Resonanz eintritt, als großer Widerstand R_{res} vor dem Gitter der Röhre, so daß die Wechselspannung am Gitter der Röhre bei Eintritt der Resonanz stark herabgesetzt wird; es ist hierbei zu beachten, daß die Betriebsspannung größer genommen werden muß als vorhin, um eine Wirkung zu erzeugen. Der Röhrenstrom erfährt hier bei Eintritt der Resonanz eine starke Abnahme. Der Parallelresonanzkreis wirkt als „Sperrkreis", er läßt alle Frequenzen, die auf das Gitter gegeben werden, durch, bis auf die Resonanzfrequenz, deren Spannung er unterdrückt. Umgekehrt verhält sich der Reihenresonanzkreis, der alle übrigen Frequenzen bis auf die Resonanzfrequenz unterdrückt. Die Versuche können in der beschriebenen Weise nur gelingen, wenn in nicht erregtem Zustand der Röhre durch eine negative Vorspannung U_g der Anodenstrom der Röhre auf einen unteren Wert eingestellt ist.

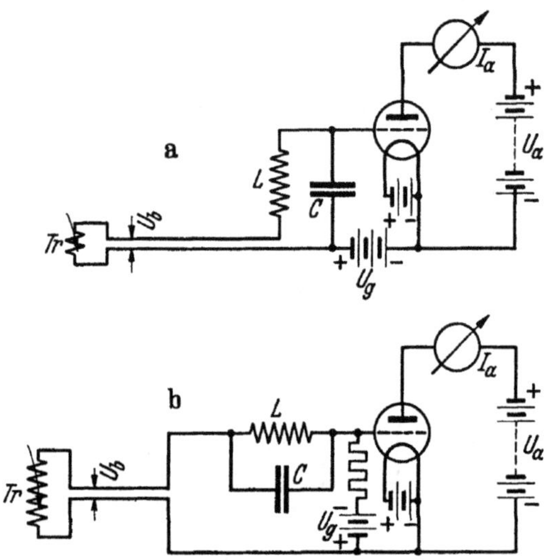

Abb. 27. Siebkreis- und Sperrkreisschaltung für einen Verstärker (in *a* sind die Vorzeichen U_g zu vertauschen).

Die Versuche gelingen auch mit gekoppelten Kreisen, wie sie in Abb. 21 angegeben sind; in diesem Falle (vgl. Abb. 22) wird ein Frequenzband, je nach der Wahl der Schaltung *a* oder *b* in Abb. 27, am Gitter der Röhre entweder verstärkt oder abgesperrt. Beide Erscheinungen treten um so plötzlicher und mit um so größerer Amplitude auf, je kleiner das Dekrement ϑ des Resonanzkreises ist.

In der Fernmeldetechnik und in der akustischen Meßtechnik haben die Sperr- und Siebschaltungen wie bereits erwähnt große Bedeutung erhalten. In der akustischen Meßtechnik z. B. werden nach der Reihenresonanzschaltung die Frequenzzusammensetzungen der musikalischen Instrumente untersucht und genau festgelegt. — Der Sperrkreis zur Unterdrückung des „Ortssenders" ist bekannt, er arbeitet stets als Parallelresonanzkreis; in den Rundfunkempfängern werden durch verwickelte Schaltungen, die aber stets nach den erwähnten Verfahren arbeiten, die „Seitenbänder abgeschnitten", um ein Ineinanderlaufen verschiedener Senderdarbietungen zu verhindern. Auch bei Telegraphie und Telephonie auf Draht finden Siebkreise und Sperrkreise große Anwendung.

Vierter Abschnitt.

Resonanzversuche in dem Frequenzbereich 10 bis 30 Megahertz[1].

(λ = 30 bis 10 Meter.)

Vorbemerkung. Zur Ausführung der bisher angegebenen Messungen und Versuche mußte zur Erregung der Betriebsspannung stets die magnetische Kopplung benutzt werden; es fand stets das vollständige (bei Niederfrequenz) oder das Streufeld einer Spule Verwendung. Bei weit höheren Frequenzen werden die Kapazitäten handlich genug, um auch das von ihnen erzeugte elektrische Feld zur Erregung der Betriebsspannung benutzen zu können; auch das Strahlungsfeld kann dann zu sehr wirksamen Versuchen Verwendung finden. Die Messungen treten in diesem Abschnitt gegenüber den Schauversuchen zurück, die aber stets vom gleichen Gesichtspunkt wie die bisher erläuterten Versuche behandelt werden.

I. Der Kurzwellengenerator.

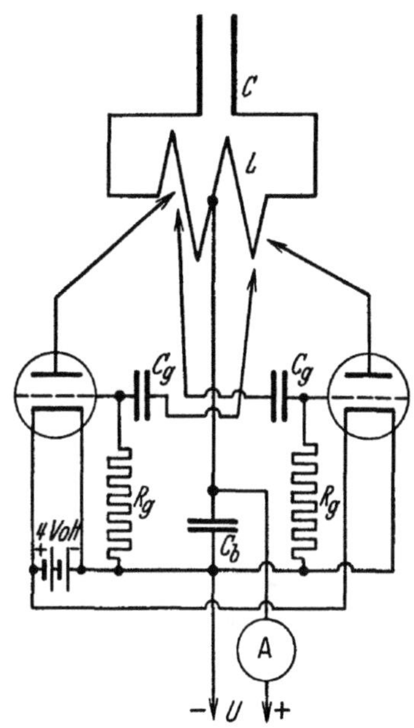

Abb. 28. Schaltung eines Gegentakt-Kurzwellengenerators.

Der Röhrengenerator für die Versuche dieses Abschnitts ist in anderer Weise als bisher aufgebaut, die Schaltung zeigt Abb. 28. Die beiden gleichen Röhren AD 1, die früher in Parallelschaltung benutzt wurden, sind hier im Gegentakt geschaltet, ein für sehr hohe Frequenzen vorteilhaftes Verfahren, weil dadurch eine völlige Symmetrie aller Wechselstrom führenden Teile gegen Erde bewirkt ist. Der Resonanzkreis ist wie bei dem früher gebrauchten Generator auswechselbar angeordnet; die Induktivitäten bestehen aus sog. Kurzwellenspulen (vgl. Abb. 18, 3) mit einer Windungszahl 1 bis 12 (Durchmesser der Spule etwa 8 cm), die mit Steckern versehen sind; die Zahl der notwendigen Windungen wird jeweils angegeben werden. Die Spulen bestehen aus Kupfervolldraht von 2 mm Durchmesser. — Als Betriebskapazität dienen in der Regel Plattenkondensatoren oder „Dipole"; am häufigsten werden die Plattenkondensatoren benutzt, ihr Bau wird nachstehend angegeben. Platten aus Aluminiumblech (Abb. 29) werden auf isolierte Füße (Trolitul oder ein anderes Isolationsmaterial) gesetzt, die Grundplatten können aus Holz sein. Letztere müssen so angefertigt sein, daß sich die Kondensatorplatten bis zur Berührung bringen lassen. Solche Plattenkonden-

[1] Die in diesem Abschnitt benutzte Apparatur ist von der Firma Leppin und Masche, Berlin SO 16, zu beziehen.

satoren sind in drei Abmessungen benutzt worden, und zwar 60 × 60 cm, 40 × 40 cm und 15 × 15 cm Fläche; diese Plattengrößen werden in den folgenden Ausführungen mit Größe 1, 2 und 3 bezeichnet. Die Platten der Größe 3 bilden den kleinsten Kondensator, sie können ohne Halterung an den Isolierfüßen angebracht werden; die Platten der anderen Größen müssen auf einen Holzrahmen geschraubt werden, um den nötigen Halt zu finden. Die Isolierplatten müssen genügende Länge haben, damit der untere Rand der Kondensatorplatten ausreichenden Abstand vom Boden gewinnt (je nach der Größe 10 bis 20 cm), im anderen Fall treten allzu große Randverzerrungen des elektrischen Feldes zum Boden auf; auch ist die Isolation um so besser, wenn die Isolierplatten genügende Länge haben. Der Anschluß an die Kondensatorplatten erfolgt am besten durch aufgelötete Kabelschuhe. — Der notwendige Betrag der Kapazität wird durch Abstandsänderung der Platten eingestellt, die Kapazität berechnet sich nach der bekannten Formel:

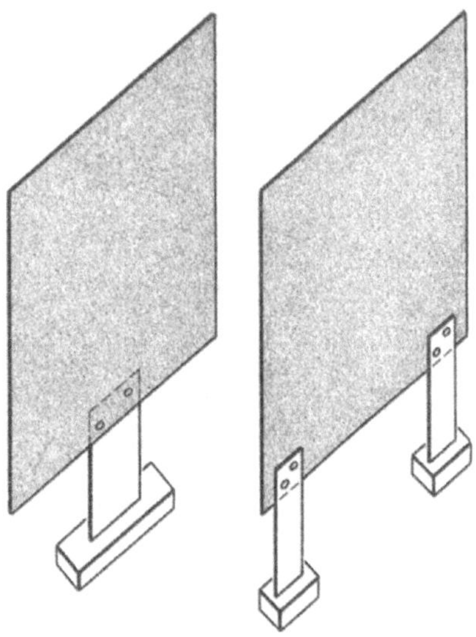

Abb. 29. Plattenkondensator für den Generator nach Abb. 28.

$$C = \frac{F}{4\pi d}\ \text{cm}.$$

F ist die Plattenfläche in cm^2, d der Abstand der Platten in cm, woraus sich die Kapazität ebenfalls in cm ergibt. Die Formel liefert aber nur in geringem Plattenabstand einwandfreie Ergebnisse; werden die Platten weiter entfernt, so ist die Kapazität wegen der Streufelder gegen Erde nicht mehr einwandfrei definiert. — Für hohe Frequenzen bzw. kleine Kapazitätswerte (also weiten Plattenabstand) muß als Betriebskapazität die Röhrenkapazität und die Kapazität der Zuleitungen in Rechnung gezogen werden; das gleiche gilt für die Betriebsinduktivität bei kleinen Spulen ebenfalls in bezug auf die Zuleitungen. Alle Verbindungen müssen beim Bau des Generators so kurz wie möglich gehalten werden. — Werden an den Generator Dipole (= Antennen) geschaltet, so sind L und C verteilt, der Resonanzkreis ist „offen" geworden.

Der Kondensator C_b in Abb. 28 ist ein Blockkondensator des Betrages etwa 1 μF, er dient zum Kurzschluß des Anodenhochfrequenzstromes und zur Fernhaltung der Hochfrequenz vom Netz. Für die Kondensatoren C_g zusammen mit den Widerständen R_g zur Herstellung der Gittervorspannung gelten die bereits früher erläuterten Bedingungen (vgl. S. 26), die Kondensatoren haben hier die Größe etwa 100 pF, die Widerstände (Pantohm, Belastungsgrenze etwa 6 Watt) haben 7000 Ohm. — Die Kopplung der Röhren an den Resonanzkreis muß, wie im dritten Abschnitt erläutert wurde, veränderbar sein, um den Röhren die größtmögliche Leistung entnehmen zu können. Bei allzu loser Kopplung entstehen wilde Schwingungen, die hier nicht, wie früher am Langwellengenerator, einfach durch eine Spule zu unterdrücken sind, weil die Größenordnung der

Frequenz der wilden und der echten Schwingung gleich sind; die Beseitigung der wilden Schwingungen ist hier nur durch zweckmäßige Ankopplung möglich. Der Wirkwiderstand R des Resonanzkreises ist nicht mehr allein durch normale (Ohmsche) Verluste bestimmt, die bei offenem Kreis sogar ganz nebensächlich werden können; der maßgebende Wirkwiderstand ist durch die Strahlung gegeben: Der Generator (= Sender) strahlt Energie in den Raum. Der Verlustwiderstand durch Strahlung erreicht bei einem reinen Dipol = geradem Strahler von der Länge $l = \lambda/2$ etwa 78 Ohm, der größte auftretende Strahlwiderstand (Nutzwiderstand), der möglich ist. Bei allen anderen Gebilden ist er kleiner, doch darf er auch bei den fast geschlossenen Kreisen, die hier benutzt werden, sicherlich nicht mehr vernachlässigt werden, wenn sein Betrag auch zahlenmäßig schwer anzugeben ist. — Der Generator kann sowohl mit Gleichspannung 220 Volt als auch mit Wechselspannung 220 Volt (Netz, 50 Hertz) betrieben werden; bei Gleichspannung ist die abgegebene Leistung naturgemäß größer, doch ist sie wegen der großen Leistungsfähigkeit der Röhren auch bei Benutzung von 220 Volt Netzwechselspannung stets ausreichend.

Abb. 30. Schaubild des Kurzwellengenerators (Vorderansicht). Rückansicht vgl. Abb. 46.

Um eine Vorstellung der auftretenden Resonanzspannungen und -ströme zu geben, seien unter Bezugnahme auf die Ausführungen des vorigen Abschnitts auch hier einige Zahlenbeispiele gegeben. Die Frequenz entspreche einer Wellenlänge 25 Meter, die Induktivität habe den Betrag etwa $0{,}84 \cdot 10^{-2}$ mHy [1], der Spulenstrom (Resonanzstrom) sei 2 Amp, wie gemessen wurde; die Spulenspannung ist dann $U_L = \omega L \cdot I_{\text{res}} = 1265$ Volt. Der Anodenwechselstrom I ist sehr klein und beträgt nur etwa 100 Milliamp; er ist nicht sinusförmig, sondern verläuft eckig. Der Resonanzstrom ist aber praktisch sinusförmig und ebenso die Spulenspannung. Die Betriebswechselspannung des Resonanzkreises, die in den Röhren erzeugt wird, ist ebenfalls nicht mehr sinusförmig, sondern verläuft eckig wie der Strom I. — Über Heizung und zulässige Belastung gilt das bereits früher Gesagte (vgl. S. 25 u. f.). — Die höchste Frequenz, die mit dem Generator herstellbar ist, entspricht einer Wellenlänge etwa 5,5 Meter. Noch höhere Frequenzen zu erreichen, verhindert die geringe Anodenspannung und vor allem die verhältnismäßig große Gitteranodenkapazität der Röhren; da die Röhren in Gegentakt geschaltet sind, liegen hochfrequenztechnisch diese beiden Kapazitäten einander parallel. — Bei der Wellenlänge $5^1/_2$ Meter wurde eine äußere Kapazität nicht mehr benutzt, der Generator arbeitete allein mit der Röhrenkapazität. — Ein Schaubild des Generators (ohne angeschaltete Platten) zeigt Abb. 30.

[1] 12 Wdg.-Kurzwellenspule; die Induktivität wurde im Resonanzverfahren durch Wellenmessung bestimmt.

II. Vorversuche. (Der erregte Kreis erfüllt nicht die Resonanzbedingung.)

Als Betriebskapazität des Generators dienen die Platten Größe 1 (60 × 60 cm), die in der Entfernung etwa 1 Meter gegeneinander gestellt werden. Die Spule L des Generators hat etwa 7 Wdg., die Frequenz entspricht einer Wellenlänge etwa 25 Meter; bei geeigneter Ankopplung der Anoden und Gitter beträgt der auf die Platten fließende Strom etwa 1,5 Amp. Werden die Platten einander genähert, so fällt die Frequenz zunächst langsam, dann schneller. — Als Frequenzmesser dient ein Kurzwellenmesser, dessen Eichung und Aufbau später angegeben ist (vgl. S. 53).

Zum Nachweis des aus der Spule tretenden Wechselfeldes dient, wie früher, die Prüflampe; eine 20-Watt-Lampe für kleinere Klemmenspannung (20 bis 50 Volt) brennt hell, da die Leistung des Generators sehr groß ist. Die hohe Wechselspannung an den Platten kann durch eine normale Glimmlampe 220 Volt sichtbar gemacht werden, die in den Raum zwischen den Platten gehalten wird: die Lampe leuchtet auf.

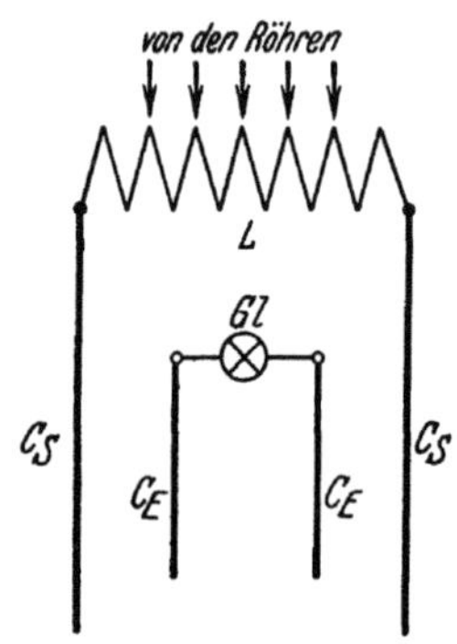

Abb. 31. Nachweis des elektrischen Feldes zwischen den Kondensatorplatten.

Die Betriebsspannung der durch diesen Generator zu erregenden Kreise kann sowohl durch das magnetische Feld der Spule als auch durch das elektrische Feld zwischen den Platten erzeugt werden, im ersteren Fall durch einen Hochfrequenztransformator wie bisher, im zweiten Fall durch Platten, die in das elektrische Feld der Generatorplatten gebracht werden. Das Verfahren ist in Abb. 31 dargestellt. Die Platten $C_E C_E$ (Größe 2, 40 × 40 cm) werden zwischen die Generatorplatten gesetzt und über ein Lämpchen (3,5 Volt, 0,3 Amp) miteinander verbunden; das Lämpchen brennt und wird, weil die Strahlung gering ist und auch im übrigen kaum Verluste auftreten, den wesentlichen Wirkwiderstand im Kreise darstellen. Bei normaler Intensität des Lämpchens dient also zur Überwindung dieses Widerstandes eine Spannung 3,5 Volt, die durch das elektrische Feld erzeugt wird. Die Betriebsspannung, die durch das Feld induziert wird, ist jedoch sicherlich ein Vielfaches, denn sie hat die in Reihe geschaltet zu denkenden Blindwiderstände ωL und $1/\omega C$ zu überwinden, die nicht die Resonanzbedingung erfüllen, wenigstens nicht ohne weiteres. L und C sind dabei schon „verteilt", die Induktivität wird aber wesentlich durch die Verbindungsdrähte gebildet, die Kapazität durch die Platten. — Werden die Platten C_E den Generatorplatten C_S mehr genähert, so wird die Betriebsspannung erhöht und daher auch der Strom I durch das Lämpchen: Die elektrische Kopplung nimmt zu. Werden kleinere Platten C_E genommen, so wird die Kopplung und damit die induzierte Betriebsspannung kleiner. — Bei großer Näherung der Platten C_E an die Generatorplatten wird die Frequenz des Generators stark geändert, sie nimmt ab, denn die Anordnung wird schließlich zu einer Serienschaltung zweier geschlossenen Plattenkondensatoren mit zwischengeschaltetem Strommesser.

Mit dieser Anordnung läßt sich zeigen, daß elektrisches und magnetisches Feld des Generators sich in ihrer Wirkung auf einen erregten Kreis entweder ergänzen oder auch abschwächen können. Werden nach Abb. 32 die Platten C_E und eine Spule (2 Wdg.) in Reihe geschaltet und jede Sonde für sich dem zugehörigen Feld ausgesetzt, so tritt je nach dem Kopplungssinn der magnetischen Sonde entweder eine Erhöhung oder Verringerung des Stromes I in der Lampe Gl ein: Im ersteren Fall sind die induzierten Betriebsspannungen phasengleich, im zweiten Fall um 180° phasenverschoben. Der Strom I ist im letzteren Fall vollständig zu Null und darüber hinaus in die Gegenphase (Phasensprung) zu bringen, wenn eines der beiden Felder erheblich überwiegt. — Die Verbindungsleitungen dürfen nicht übermäßig lang sein, da sie sonst als Antennen wirken und den Versuch schwierig machen, der bei richtiger Anordnung leicht gelingt.

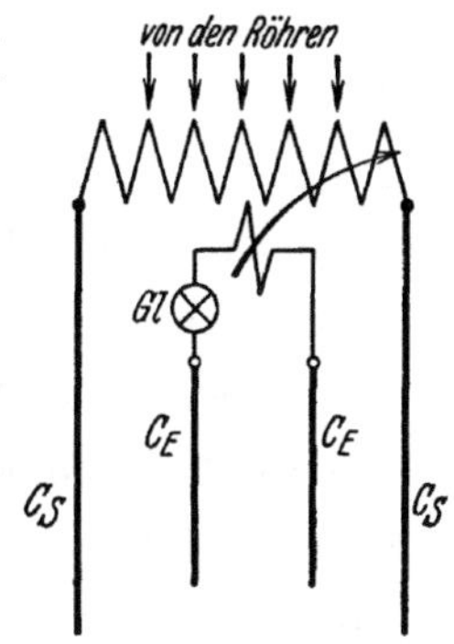

Abb. 32. Gemeinsame Wirkung des elektrischen und magnetischen Feldes.

Für einen betrachteten Zeitpunkt nimmt die Spannung der Spule von einem Ende zum anderen gleichmäßig ab, in der Mitte ist sie stets Null, die Enden haben stets eine Phasenverschiebung der Spannung von 180°. Die gleiche Spannungsverteilung findet im Diëlektrikum zwischen den Platten statt; genau in der Mitte zwischen ihnen herrscht stets wie an der Spulenmitte die Spannung Null. Da praktisch immer kleine Feldverzerrungen vorhanden sein werden, so werden wohl kleine Unregelmäßigkeiten auftreten, die aber belanglos sind. Der Nachweis kann durch die Anordnung nach Abb. 33 erbracht werden. Als elektrische „Sonde" dient eine Platte (40×40 cm), die zunächst in die Mitte zwischen die beiden Generatorplatten gestellt wird; sie verzerrt naturgemäß das Feld, so daß der Nullwert des Feldes im Raum nicht ganz definiert ist. Die Platte wird über ein Lämpchen mit der Spulenmitte verbunden, wobei als Schaltpunkt die Zuführungsklemme der Betriebsgleichspannung des Generators am Kondensator C_b gewählt wird. Das Lämpchen wird in der Regel infolge der erwähnten Feldverzerrung nicht ganz dunkel (ganz schwache Rotglut), zeigt aber bei Verschiebung der Sondenplatte ein sehr scharfes Minimum. — Wird der Spulenabgriff beliebig an irgendeiner Seite gewählt, so ist die Äquipotentialfläche im elektrischen Feld nach dem gleichen Verfahren auffindbar, indem die Sonde verschoben wird, bis das Lämpchen dunkel ist. Spulenabgriff und zugehörige Stellung der Platte liegen stets gleichseitig zur Spulenmitte.

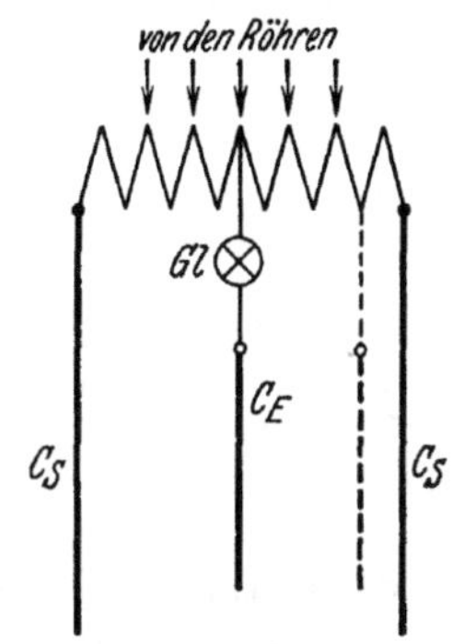

Abb. 33. Aufsuchen gleicher Spannungswerte im Diëlektrikum und an der Spule.

III. Versuche zur Reihenresonanz.

1. Geschlossene Kreise.

Die elektrische Erregung der Betriebsspannung mittels der beiden Sondenplatten ist auch möglich, wenn der erregte Kreis in Resonanz gebracht, also in diesem Falle auf die Frequenz des Generators abgestimmt wird; dann arbeitet die induzierte Betriebsspannung wiederum allein auf den Wirkwiderstand R des abgestimmten Kreises. Werden als Indikatoren Lämpchen wie bisher benutzt, so muß die „Kopplung“ weit loser werden als vorhin, wo die induzierte Betriebsspannung wesentlich die Blindwiderstände zu überwinden hatte; der Plattenkreis muß bei gegebener Frequenz „abstimmbar“ gemacht werden, was wie früher durch eine veränderbare Kapazität geschieht; die Anordnung ist in Abb. 34 dargestellt. Links ist der Generatorkreis gezeichnet, rechts der „Empfangs“-resonanzkreis. Die Spule L_E ist eine etwas kleinere Spule (5 oder 6 Wdg.) als die Generatorspule, die Platten $C_E C_E$ sind die bereits benutzten Platten. Der Kreis wird abstimmungsfähig mittels einer veränderbaren Kapazität C_v, die entweder aus einem kleinen Drehkondensator etwa 50 pF oder aus den Kondensatorplatten Größe 3 (15 × 15 cm) besteht, die gegeneinander verschoben werden; ein Lämpchen Gl oder ein Hitzdrahtamperemeter I_{res} zeigt den Resonanzstrom an, sobald Resonanz eintritt; die Entfernung der Generator- und Empfängerplatten beträgt etwa 1 Meter. Die Abstimmung ist so scharf, daß ohne eine künstliche Dämpfung (z. B. das Lämpchen anstatt des Amperemeters) kaum eine gute Einstellung I_{res} eingehalten werden kann, die „Handkapazität“ wird stark merklich; der Strom I_{res} steigt ohne Zuhilfenahme einer Dämpfung mittels eines geeigneten Widerstandes auf mehrere Ampere. Über die wirksame Betriebsspannung läßt sich nichts Genaues sagen, sie wird aber bei eingeschaltetem 3,5-Volt-Lämpchen (0,2 Amp) kaum größer sein als die zum Betrieb der Lampe notwendige Spannung, da die übrigen Wirkwiderstände (Strahlung usw.) gegen den Widerstand der Lampe noch klein sind.

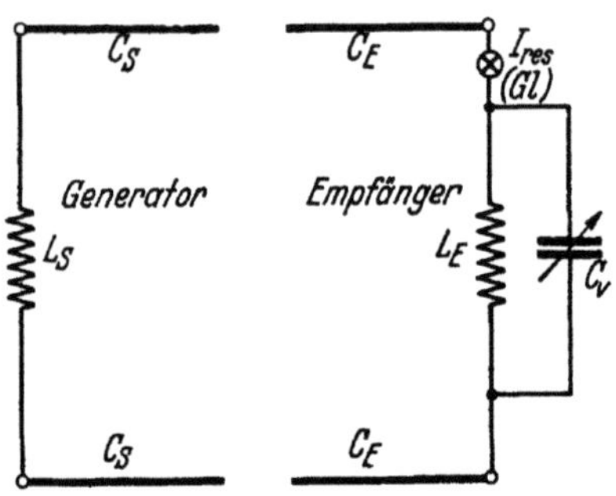

Abb. 34. Ein durch das elektrische Feld des Generators erregter Reihenresonanzkreis.

Wird der Abstand der Platten $C_E C_E$ gegeneinander verkleinert, so wächst die Betriebskapazität des Kreises, die Abstimmung muß also verschwinden. Sie wird durch Verkleinerung der Kapazität C_v wiederhergestellt, aber der Resonanzstrom ist gesunken, das Lämpchen leuchtet weniger stark. Da die Wirkwiderstände die gleichen geblieben sind, muß die Betriebsspannung gesunken sein, der Empfangskreis ist „geschlossener“ geworden. Das Verfahren läßt sich wiederholen, bis der Resonanzstrom auf Bruchteile gefallen ist, in die Kapazität $C_E C_E$ vermag dann das elektrische Feld eine genügende Betriebsspannung nicht mehr zu induzieren, was erst wieder geschieht, wenn der Resonanzkreis dem Generator genähert wird. — Durch diesen Versuch wird der Übergang von einem „offenen“ zu einem „geschlossenen“ Kreis erläutert, der gegen elektrische Felder unempfindlich geworden ist. — Der Versuch findet seine Grenze darin, daß endlich die Erhöhung der Kapazität $C_E C_E$ nicht mehr durch eine entsprechende Verkleinerung der Kapazität C_v aufgehoben werden kann. Die Resonanzspannung am offenen Kreis ist so groß, daß eine normale Glimmlampe, in die Nähe der Platten gehalten (wie am Generator), zum Glimmen gebracht werden kann. Die Versuche lassen sich in der verschiedensten Weise verändern und ausbauen.

Ein Reihenresonanzversuch besonderer Art läßt sich nach dem Aufbau Abb. 31 ausführen, wenn die Platten C_E einander stark genähert werden, wodurch die Kapazität sehr zunimmt; die Induktivität wird nur durch die Schleife der Zuleitungsdrähte gebildet. Der Kreis erfüllt schließlich die Resonanzbedingung für die Generatorfrequenz, der Resonanzstrom wird trotz der geringen elektrischen Kopplung groß, weil die Verluste klein sind; der wesentliche Wirkwiderstand liegt im Lämpchen, das also die Betriebsspannung anzeigt; bei weiterer Näherung der Platten verschwindet die Abstimmung wieder. Die hier auftretende Resonanzspannung läßt sich nahezu berechnen, weil die Kapazität bei so geringer Entfernung der Platten voneinander hinreichend genau definiert ist, sie läßt sich nach der angegebenen Formel bestimmen. Der Abstand der Platten betrug für einen Versuch etwa $d = {}^1/_2$ cm, danach ist die Betriebskapazität etwa $C = 250$ cm $=$ etwa 280 pF. Die Frequenz des Generators betrug $\frac{3}{2,5} \cdot 10^7$ Hertz, der Resonanzstrom (bei normaler Intensität des Lämpchens) 0,2 Amp; die Resonanzspannung berechnet sich zu etwa 9,5 Volt; sie ist also nur wenig größer als die Betriebsspannung, die nach den Betriebsbedingungen des Lämpchens 3,5 Volt beträgt. Die Dämpfung des Kreises ist außerordentlich groß, U_{res}/U_b beträgt nur 2,7 und daher das Dekrement $\vartheta = \pi/2,7 =$ etwa 1,16. Die Schärfe der Abstimmung, die beim Verschieben der Platten gegeneinander dem Augenschein nach vorhanden ist, ist nur ein Trugschluß und beruht auf der großen Änderung der Kapazität bei kleiner Verschiebung der Platten. Es herrschen hier ähnliche Verhältnisse wie bei den Niederfrequenzversuchen (vgl. S. 19); dort wurde die Schärfe der Abstimmung durch Verschieben des Eisenjochs vorgetäuscht, was eine bei kleinen Jochverschiebungen große Änderung der Induktivität hervorrief. — Wird anstatt der Lampe ein Strommesser eingeschaltet, so läßt sich der Strom leicht auf 4 Amp bringen, so daß die Resonanzspannung wächst, während die Betriebsspannung die gleiche geblieben ist. Der Wirkwiderstand des Kreises ist infolgedessen $\frac{3,5}{4} =$ etwa 0,87 Ohm. Die Resonanzspannung beträgt 190 Volt, das Spannungsverhältnis ist etwa 54,3 und daher $\vartheta = 0,058$. Die Dämpfung des Kreises ist trotz des geringen Wirkwiderstandes immer noch verhältnismäßig groß, eine Folge des kleinen Verhältnisses L/C. — Wird die Betriebsinduktivität des Kreises durch Vergrößerung der Leitungsschleife erhöht, so verschwindet die Abstimmung sofort, die Kapazität wird kleiner, U_{res}/U_b daher größer; die Wirkwiderstände bleiben die gleichen, sie sind im wesentlichen durch den Widerstand des Amperemeters bestimmt, wozu bereits eine geringe Strahlung kommt; man erhält mittels elektrischer Erregung der Betriebsspannung die gleichen hohen Verstärkungsverhältnisse U_{res}/U_b wie früher bei magnetischer Erregung, die Art der Erregung ist völlig gleichgültig.

Ein Resonanzkreis, der nach einem unten angegebenen Verfahren als Kurzwellenmesser geeicht werden kann, ist in Abb. 35 im Schaubild wiedergegeben.

Die Kapazität ist ein Drehkondensator 1000 cm (1111 pF), die Induktivität ist eine Spule mit 1 Wdg. (8 cm Durchmesser); bei dem Vollwert 1111 pF des Kondensators tritt für die Wellenlänge 48 Meter Resonanz ein. Der Induktivitätswert des Kreises ist trotz seiner Kleinheit gut definiert, weil nur feste Verbindungen bestehen; er beträgt etwa $0{,}583 \cdot 10^{-3}$ Millihenry, ein Betrag, der sich auf die Spule und auf die Leitungen zu den Kondensatorbelegungen verteilt. Der Blindwiderstand dieser Induktivität ist bei einer Frequenz 10^7 Hz nur etwa 6 Ohm, so daß mittels der Spannungslampe (vgl. S. 29) die Betriebsspannung an der offenen Spule bestimmt werden kann, ohne daß dabei in diesem Frequenzbereich nennenswerte Meßfehler entstehen.

Abb. 35. Kurzwellenmesser mit Indikatorkreis (vorn).

Bei der Frequenz $f = \frac{3}{4{,}8} \cdot 10^7$ Hz ($\lambda = 48$ Meter) betrug in einer festgelegten Entfernung der Spule vom Generator die induzierte Betriebsspannung etwa 0,9 Volt. Ein in den Resonanzkreis geschaltetes Amperemeter zeigte dann einen Strom etwa 0,6 Amp, so daß in diesem Fall der Gesamtwirkwiderstand etwa 1,5 Ohm war. Von diesem Wert ist der Widerstand des Instruments = 0,8 Ohm abzuziehen, so daß nach Ausschaltung des Amperemeters aus dem Kreise etwa ein Wirkwiderstand etwa 0,7 Ohm verbleibt[1]. Der Resonanzstrom des Kreises kann durch willkürlich gewählten Abstand vom Generator beliebig eingestellt werden; nimmt man einen Strom $I_{\text{res}} = 1$ Amp an, so erhält man eine Resonanzspannung $U_{\text{res}} = 5{,}8$ Volt bei der Frequenz 10^7 Hz, bei der dreifachen Frequenz ($\lambda = 10$ Meter) etwa 18 Volt; es treten also nur sehr kleine Resonanzspannungen auf, eine Folge des kleinen Verhältnisses L/C. Das Dekrement wird bei einem oben angenommenen Wirkwiderstand 0,7 Ohm $\vartheta = 0{,}096$ und daher die Spannungsverstärkung $\pi/\vartheta = 33$. Der Kreis ist bei großen Werten C stark gedämpft; die Dämpfung fällt bei Drehen des Kondensators auf kleinere Einstellungen, aber sie bleibt relativ recht groß. Der Resonanzkreis besitzt ähnliche Eigenschaften wie der früher im dritten Abschnitt zusammengesetzte Kreis (vgl. S. 38), er ist wegen der geringen elektrischen

[1] Das Einschalten des Instruments in einen solchen Kreis ruft natürlich zusätzliche Induktivitäten hervor, auch die Wirkwiderstände ändern sich, vom Instrumentwiderstand ganz abgesehen. Es wird daher der Wirkwiderstand des Kreises noch etwas geringer sein als angegeben.

Streufelder berührungsunempfindlich und hat keine „Handkapazität“. Er läßt sich daher ohne Abschirmung oder Erdung als Wellenmesser für kurze Wellen benutzen und ist zuverlässig, wenn die Anforderungen nicht allzu hoch gestellt werden. Die Eichung geschieht mittels der Lecherschen Paralleldrähte, ein Verfahren, dessen Theorie und Praxis hier als bekannt vorausgesetzt wird; es soll daher nur angegeben werden, wie die Eichung des Kreises mittels des hier benutzten Röhrengenerators am besten durchzuführen ist.

Die Betriebskapazität des Generators wird aus den Platten 15 × 15 cm (Größe 3) gebildet, durch deren Entfernen voneinander die Frequenz stetig in gewissen Grenzen verändert werden kann; endlich ist eine weitere Herabsetzung der Frequenz durch Vergrößerung der Kapazität (Nähern der Platten) nicht mehr möglich, und es muß dann die Spule ausgewechselt, d. h. die Induktivität vergrößert werden. Es werden Kurzwellenspulen von 1, 2, 4 und mehr Windungen gebraucht, je nach der Wellenlänge, bis zu welcher die Eichung vorgenommen werden soll. Der Eichkreis kann ebenfalls eine Spule mit mehr als einer Windung erhalten, so daß sein Meßbereich einen größeren Umfang annimmt. Spulen mit mehr als 4 Windungen wird man aber kaum benutzen können, weil dann das Verhältnis L/C zu ungünstig wird, die Spannungsverstärkung des Kreises wird zu groß, und er erhält daher Handkapazität, als Wellenmesser ist er dann nicht mehr brauchbar. Die Eichungsgrenze zu den größeren Wellenlängen richtet sich nach der Länge der zur Verfügung stehenden Lecherdrähte, worüber noch weiter unten gesprochen wird. Das Drahtsystem läßt sich als geschlossener (= nicht strahlender) Resonanzkreis ansehen, dessen Kapazität und Induktivität auf den Drähten verteilt ist.

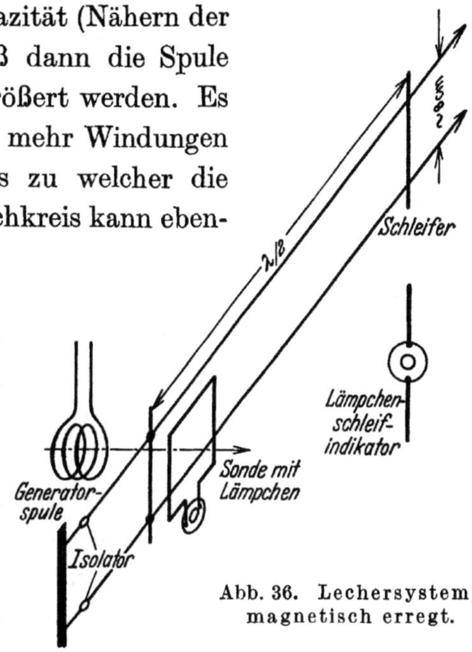

Abb. 36. Lechersystem, magnetisch erregt.

Das Prinzip der Eichung bei magnetischer Erregung der Betriebsspannung für das Lechersystem ist in Abb. 36 angegeben; als Indikator für die Abstimmung dient ein Lämpchen, dessen Schleife in der angegebenen Weise (lose!) mit dem System gekoppelt wird. Das Magnetfeld des Generators wirkt auf die durch die Drahtbrücke gebildete Halbschleife der Drähte, der Draht wird in einfacher Weise durch Klemmen (Krokodilklemmen) an den Paralleldrähten festgehalten. — Mit einem zweiten gleichen Draht werden diese abgetastet, bis das Lämpchen aufleuchtet: Dann entspricht die Frequenz des Generators der Wellenlänge λ = der doppelten Länge der Entfernung zwischen den beiden Brücken auf den Paralleldrähten. Es ist darauf zu achten, daß keine Koppelfrequenzen entstehen können, alle Resonanzkreise müssen möglichst lose gekoppelt werden, wenn hinreichende Meßgenauigkeiten erzielt werden sollen. — Nachdem in dieser Weise die Frequenz des Generators festgestellt worden ist, wird der zu eichende

Resonanzkreis mit dem Generator gekoppelt und seine Abstimmung wieder mit einer Prüflampe festgestellt, deren Ring lose an den Kreis gekoppelt wird, wie Abb. 35 zeigt; ist die Abstimmung erfolgt und festgehalten, so wird der Generator mittels der Abstimmplatten auf eine neue Frequenz eingestellt, und eine zweite Messung beginnt.

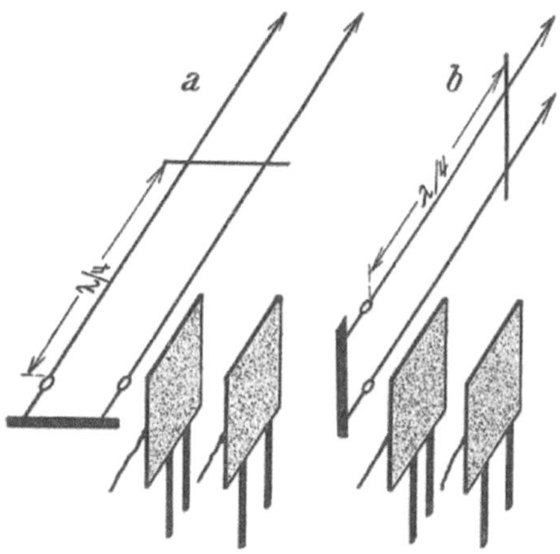

Abb. 37. Lechersystem, elektrisch erregt.

Das Verfahren der magnetischen Erregung der Betriebsspannung für die Lecherdrähte hat den Nachteil, daß die Länge der Drähte schlecht ausgenutzt wird, man erhält nur einen geringen Meßbereich, weil die Drähte in der halben Wellenlänge erregt werden müssen. In dieser Beziehung ist die elektrische Erregung der Betriebsspannung weit zweckmäßiger, wie Abb. 37 deutlich machen soll. Die Kondensatorplatten werden am isolierten Ende der Paralleldrähte aufgestellt und zu einem der beiden Drähte gekoppelt; die Kopplung kann sehr lose erfolgen, da die Betriebsspannung ja nur gering zu sein braucht, so daß eine Verstimmung des Parallelsystems kaum eintritt. Das von den Platten ausgestrahlte elektrische Streufeld ist groß genug, um in dieser Weise die Betriebsspannung herzustellen. Das Paralleldrahtsystem wird hier in der Drahtlänge $l = {}^1/_4\,\lambda$ erregt, wodurch der Meßbereich der zur Verfügung stehenden Drahtlänge verdoppelt wird. Die Prüflampe muß, da sie nur auf magnetische Felder anspricht, in der Nähe der Abtastbrücke an das System gehalten werden, um die Abstimmung feststellen zu können. Im übrigen unterscheidet sich dieses Verfahren nicht von dem vorigen.

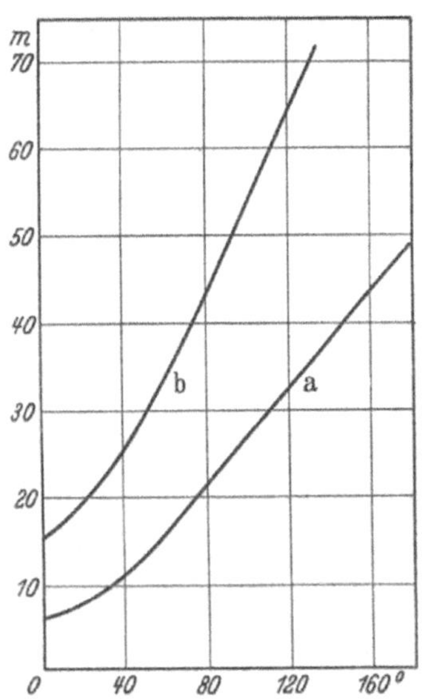

Abb. 38. Kennlinie des Kurzwellenmessers.

Abb. 38 zeigt die Eichkennlinien für 2 Spulen, a) mit 1 Wdg., b) mit 4 Wdg. Für den kleineren Meßbereich mißt der Wellenmesser Wellenlängen bis etwa 48 Meter, für den größeren Meßbereich konnte der Kondensator nicht ausgenutzt werden, weil das Paralleldrahtsystem nur etwa 18 Meter lang war; mit elektrischer Erregung konnten daher nur Wellen bis 72 Meter gemessen werden, wie es auch geschehen ist; der Generator trug dann schon eine Spule mit 12 Wdg.

2. Offene Kreise.

Schon die Resonanzversuche, die auf S. 52 (vgl. Abb. 34) beschrieben sind, lassen sich, streng genommen, kaum noch als Versuche mit geschlossenen Kreisen bezeichnen, denn es findet hier sicherlich bereits eine gewisse Strahlung statt. Dieser Aufbau stellt gewissermaßen einen Übergang zu offenen Kreisen dar, die z. B. entstehen, wenn die Platten C_S und C_E entfernt und dafür Dipole = Strahldrähte benutzt werden, wie Abb. 39 zeigt. Als Stoff für die Dipole ist Aluminiumrohr zweckmäßig, Durchmesser etwa 5 bis 6 mm, in einer Länge 1 bis 2 Meter, je nach der gewünschten Wellenlänge; die Dipole werden an einer Seite mit einem kräftigen Kabelschuh versehen und in normaler Weise an Generator (= Sender) oder „Empfänger" angebracht. Soll die Strahlung kräftig sein, so muß die Frequenz des Generators so hoch wie möglich sein, im anderen Fall würden die Dipole zu große Länge haben müssen. Bei einer Frequenz etwa 46000 Kilohertz, entsprechend einer Wellenlänge $\lambda = 6{,}5$ Meter, betrug die Länge der Dipole je 1,20 Meter, die Generatorspule hatte 1 Wdg. Höhere Frequenzen ließen sich mit den benutzten Röhren und der geringen Anodenspannung (220 Volt) nicht oder doch nur mit sehr schlechtem Wirkungsgrad erzeugen; höhere Frequenzen sind auch für die vorzunehmenden Versuche nicht notwendig. — Die Frequenz des Generators ist festgelegt, eine stetige Abänderung der einmal gewählten Frequenz ist nicht möglich; nur verschiedene Ankopplungen der beiden Gitter und Anoden an die Spule verändern in geringem Maß die Wellenlänge, weil die Gitter-Anodenkapazitäten die Frequenz schon mitbestimmen.

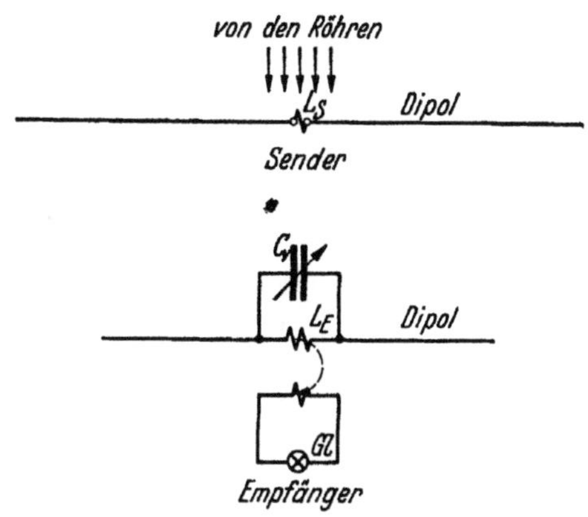

Abb. 39. Offener, durch Strahlung erregter Reihenresonanzkreis.

Der Sender erzeugt in seiner näheren Umgebung ein elektromagnetisches Feld, das anderen Kreisen gleicher Art eine gewisse Betriebsspannung aufdrückt. In weiterer Entfernung vom Sender, vorausgesetzt, daß sich das Feld ohne Störung ausbreiten kann, wird die direkte Induktion bald sehr klein, und die Erregung der Betriebsspannung eines in weiter Entfernung vom Sender aufgestellten Kreises findet nur noch durch elektromagnetische Strahlung statt. Die Abnahme von der reinen Induktionswirkung zur Strahlungswirkung geschieht sehr rasch, es ist schon in einer Entfernung von der zweifachen Wellenlänge im wesentlichen nur noch reine Strahlungsinduktion vorhanden. — Die Betriebsspannungen werden bei vergrößertem Abstand des Empfängers gering, so daß ein merklicher Strom im Empfänger erst dann auftreten kann, wenn die induzierte Betriebsspannung nur Wirkwiderstände vorfindet, die Blindwiderstände des Empfängerkreises also durch „Abstimmung" ausgeschaltet sind. Das gilt bereits für Laboratoriumsversuche.

Der Empfängerkreis besitzt nahezu die gleichen Abmessungen wie der Senderkreis, notwendige Abweichungen sind dadurch gegeben, daß die Röhrenkapazitäten fehlen, und daß zur Abstimmung auf die Frequenz des Generators eine veränderbare Kapazität eingeschaltet werden muß; ein kleiner Drehkondensator C_v

etwa 50 pF max. ist hierzu zweckmäßig, der parallel zur Spule und damit zum offenen Kondensator geschaltet wird, wie die Abb. 39 zeigt. Es ist nicht zweckmäßig, das Indikatorlämpchen in den Kreis zu schalten, weil der Widerstand die Abstimmungsschärfe und den Resonanzstrom herabsetzt und damit die Wirkung des Versuches schädigt. Es ist besser, die Indikatorlampe mit einem Ring zur Spule L_E zu koppeln, so daß die Kopplung beliebig eingestellt werden kann. — Die Dipole des Empfängers sind zur besseren Handhabung etwas kleiner zu halten als die Dipole des Senders, etwa 1 Meter, die Spule L_E hat daher zwei Windungen erhalten. Diese Angaben können jedoch nicht genau sein, weil, wie bemerkt, die Ankopplung der Röhren die Frequenz verändert, so daß die Empfängerabmessungen zuletzt durch Probieren gefunden werden müssen. Ein Schaubild der Empfängeranordnung zeigt Abb. 40, die Dipole sind hier nur angedeutet.

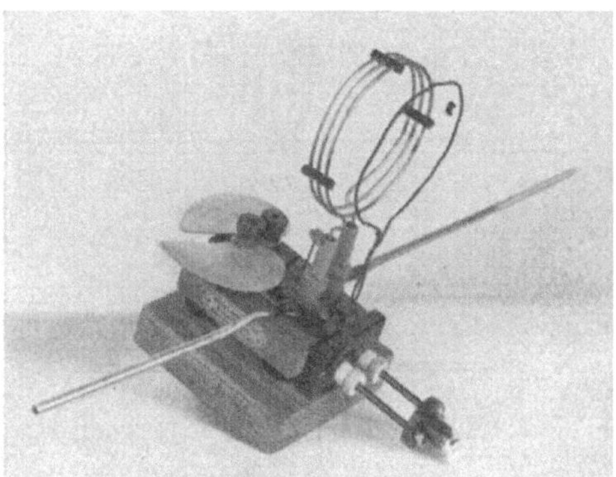

Abb. 40. Schaubild eines Kurzwellenempfängers.

Ist Abstimmung vorhanden, so brennt das Indikatorlämpchen in mehreren Metern Entfernung vom Sender, wobei das Generatorfeld Richtwirkung zeigt; stehen die Richtungen der beiden Dipole aufeinander senkrecht, so wird der Empfänger stromlos, weil die Betriebsspannung Null wird; das gleiche ist der Fall, wenn sich der Empfängerdipol in der Verlängerung des Senderdipols befindet, eine Strahlung in den beiden Polrichtungen findet also nicht statt; die Ausstrahlung des Senders ist in seiner Äquatorebene am größten. Die Versuche ergeben jedoch oft erhebliche Abweichungen von diesen Gesetzen, die nur im freien Raum gelten; im Laboratorium können Rückstrahlungen (stehende Wellen) oft ein ganz anderes Bild hervorrufen.

Die Betriebsspannungen und die Resonanzspannungen des Empfängers sind nicht zu messen, sie entziehen sich auch der Berechnung, weil es nicht möglich ist, in einer solchen Anordnung den Strahlwiderstand zu messen oder zu berechnen; ein in den Kreis geschaltetes Spannungslämpchen würde nicht mehr in ausschlaggebendem Maß als früher in den geschlossenen Kreisen den Wirkwiderstand darstellen. Die Induktivität bzw. die Kapazität sind nicht mehr genügend definiert, die einzelnen Zahlwerte lassen sich nicht mehr bestimmen. Die Gleichung $\omega L = 1/\omega C$ gilt auch hier, sobald Abstimmung vorhanden ist, auch hier sind die Gesetze der Reihenresonanz streng gültig, wobei die Betriebsspannung durch Strahlung induziert wird; ihr Betrag ist jedoch mit einfachen Mitteln nicht mehr festzustellen. — In dieser Beziehung werden Rechnungen und Messungen zugänglicher, wenn der Aufbau der beiden Resonanzkreise des Senders wie des Empfängers einfacher gewählt wird.

Ein linear gestreckter Draht, dessen Durchmesser ϱ (in cm) klein ist gegen seine Länge l (in cm), zeigt elektrische Resonanz, wenn die Erregerfrequenz der

Bedingung $\lambda = 2l$ entspricht. Der Strahlungswiderstand, der also ein Wirkwiderstand ist, beträgt in diesem Falle, wie eine hier nicht auszuführende Rechnung ergibt, etwa 78 Ohm. Die Induktivität dieses auf Abstimmung gebrachten Drahtes kann nach der Formel bestimmt werden:

$$L = 2l\left(\ln\frac{2l}{\varrho} - 1\right)\frac{2}{\pi}\cdot 10^{-9}\,\text{Hy}; \qquad \lambda = 2l\,.$$

Da eine andere Induktivität nicht vorhanden ist, da weiter alle anderen Wirkwiderstände gegen den Strahlungswirkwiderstand vernachlässigt werden können, sind hier die Zahlenwerte der wirksamen Betriebsspannung und der auftretenden Resonanzspannung leichter zu bestimmen. In Abb. 41 ist die Versuchsanordnung angegeben. Es müssen 3 Resonanzkreise benutzt werden: der geschlossene (Parallelresonanzkreis =) Generatorkreis G, die offenen Reihenresonanzkreise S (= Sendedraht) und E (= Empfangsdraht). Sendedraht und Empfangsdraht müssen die gleiche Länge l besitzen, wenn sie aufeinander abgestimmt sein sollen,

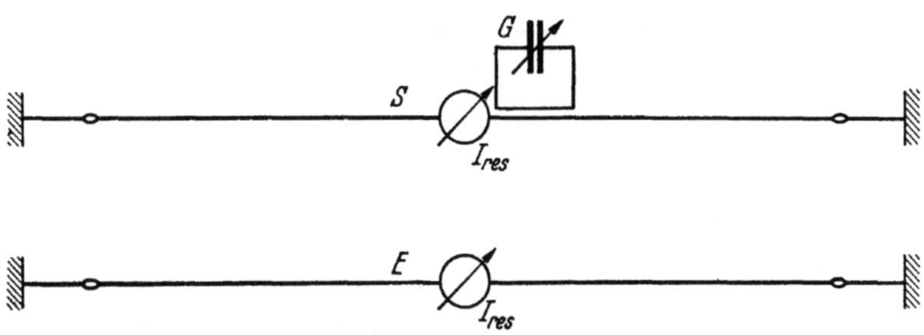

Abb. 41. Dipole als Sender und Empfänger.

weil ja nach der Voraussetzung eine andere Abstimmöglichkeit nicht gegeben ist. Eine geringe Abweichung von dieser Festsetzung ergibt sich, weil die Ströme I_{res} gemessen werden müssen; die Instrumente I_{res} (bzw. Lämpchen für Schauversuche) rufen eine gewisse Verstimmung der Kreise hervor, die nicht zu vermeiden ist; die Abweichung ist mittels eines Wellenmessers festzustellen, sie beträgt bei Benutzung der Instrumente noch nicht $^1/_2$ Meter, ihr Fehlereinfluß auf die Rechnungen soll vernachlässigt werden. — Der Generatorkreis (Röhrengenerator) ist ein geschlossener Kreis, die Kopplung auf den Sendedraht kann entweder magnetisch oder elektrisch erfolgen; es sei zunächst das erstere Verfahren gewählt. Um das Feld der Generatorspule ausreichend auf den Draht zur Wirkung zu bringen, muß die Spule eine Form nach Abb. 41 haben, sie muß rechteckig sein. Die Länge l des Sendedrahtes sei 5 Meter, die Wellenlänge λ also 10 Meter. Es ist zweckmäßig, die Wellenlänge nicht zu klein zu wählen, weil der technische Aufbau um so schwieriger wird, je größer die Frequenzen werden; auch alle Fehlerquellen sind um so schwieriger zu vermeiden. Die Generatorspule hat unter dieser Voraussetzung 3 Wdg. (Fläche etwa 6 × 8 cm), die Kopplung der Spule (mit ihrer Längenseite) an den Draht erfolgt, wie die Abb. 41 zeigt. Als Abstimmmittel für den Generator dienen, wie schon früher, die Kondensatorplatten 15 × 15 cm. Die Spule muß wegen des großen Wirkwiderstandes des Strahlers fest an ihn gekoppelt werden, die Entfernung der Spulenseite beträgt etwa 5 mm;

Koppelfrequenzen sind nicht zu befürchten, dazu bleibt der Kopplungsgrad zu klein. Eine Ankopplung dieser Art an den Sendedraht ergab in ihm eine Stromstärke $I_{res} = 0{,}6$ Amp, so daß nach Gl. (3) die Betriebsspannung $U_b = 0{,}6 \cdot 80 = 48$ Volt war[1]. Die abgestrahlte Leistung betrug $N = I_{res}^2 \cdot R =$ etwa 28 Watt. Die Resonanzspannung läßt sich, weil die Betriebsinduktivität nach der angegebenen Formel bekannt ist, berechnen. Es wird $L = 5{,}23 \cdot 10^{-6}$ Hy (für $\varrho = 0{,}1$ cm), f ist $3 \cdot 10^7$ Hz und die Resonanzspannung $U_{res} =$ etwa 590 Volt. Die Spannungsverstärkung ist also nicht sehr hoch infolge des großen Wirkwiderstandes, der aber in diesem Fall erwünscht ist, weil er ein Nutzwiderstand ist, es ist $U_{res}/U_b = \pi/\vartheta = 590/48 = 12{,}3$; dementsprechend ist auch das Dekrement groß, es wird $\vartheta = 0{,}255$. Man erhält hier ebenso große Dämpfungsdekremente und gleich große Spannungsverhältnisse wie im ersten Abschnitt, trotzdem hier das Verhältnis L/C um eine Größenordnung höher ist als dort; die Ursache liegt in dem großen Wirkwiderstand. — Infolge der großen Dämpfung

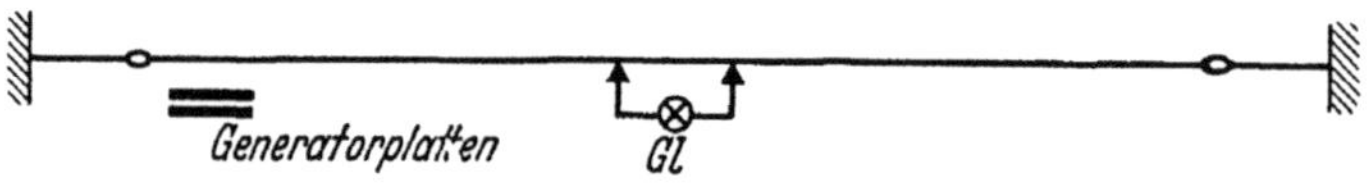

Abb. 42. Elektrisch erregter Dipol mit Brückenlämpchen.

muß auch die Resonanzkurve des strahlenden Drahtes verhältnismäßig flach verlaufen; das macht sich darin bemerkbar, daß der Generator eine erhebliche Verstimmung erfahren darf, bis der Strom im Strahldraht merklich abnimmt.

Die Erregung der Betriebsspannung für den Strahler kann auch durch das elektrische Feld der Platten des Generators geschehen, wie schon beim Lechersystem angegeben wurde; das Verfahren ist sogar im Aufbau bequemer als die magnetische Kopplung der Spule an den Draht. Die Kopplung nur einer Platte (vgl. Abb. 42) muß am Ende des Strahlers erfolgen und eng sein (Abstand etwa 2 cm), um die notwendige Betriebsspannung zu erzeugen. Man erhält dann genau die gleichen Resonanzströme wie vorhin, die auch in gleicher Weise gemessen werden, so daß sich im Ergebnis irgendwelche Abweichungen nicht zeigen. Auch eine merkbare Verstimmung des Strahlers (= Änderung der Frequenz) tritt nicht ein.

Der Sendedraht strahlt die Energie in den Raum und induziert in dem Empfangsdraht (Dipol) gleicher Abmessung eine Betriebsspannung, die in gleicher Weise berechnet werden kann; der Abstand beider Drähte betrug etwa 2,5 Meter, beide Drähte sind parallel zueinander waagerecht gespannt. Man erhält im Empfängerdipol eine Stromstärke $I_{res} = 0{,}2$ Amp, die induzierte Betriebsspannung beträgt daher 16 Volt, die Resonanzspannung 197 Volt. — Auch bei diesen Versuchen können stehende Wellen Fehler hervorrufen, wobei allerdings die Rechnungen an sich nicht fehlerhaft werden. Es können aber durch Rückstrahlungen Betriebsspannungen induziert werden, die weit höher sind als bei Nichtvorhandensein der Rückstrahlung.

[1] Es ist mit 80 Ohm gerechnet, weil außer dem Nutzwiderstand noch Verlustwiderstände vorhanden sind (z. B. Amperemeter 0,8 Ohm), die sicherlich 2 Ohm betragen.

Im Schauversuch können die Amperemeter durch Einwattlämpchen ersetzt werden, wobei die Resonanzströme annähernd zu schätzen sind[1]. Auch die Spannungen können noch annähernd berechnet werden, denn die Wirkwiderstände der Lämpchen sind, zumal wenn einige Lämpchen parallel geschaltet werden, klein gegen den Strahlungswiderstand. Die hohe Resonanzspannung kann durch eine Glimmlampe kenntlich gemacht werden, die in der Nähe der Dipolenden gehalten wird; allerdings tritt hierdurch eine starke Verstimmung der Dipole ein.

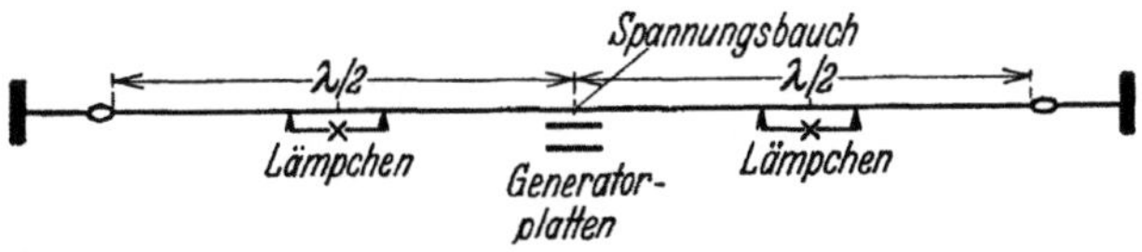

Abb. 43. In der ersten Oberwelle elektrisch erregter Dipol.

Eine besondere Art der Sichtbarmachung der Abstimmung kann durch folgende Anordnung des Indikatorlämpchens ausgeführt werden, wobei das magnetische Feld in der Dipolmitte benutzt wird. Man bringt nach Abb. 42 eine kleine „Brücke" an, deren Länge nur 10 bis 15 cm zu betragen braucht; das Lämpchen brennt bei Abstimmung, weil das Feld des Dipols zwischen den Brückenenden eine ausreichende Klemmenspannung für das Lämpchen erzeugt. Der Versuch gelingt nicht an den Dipolenden, weil hier der Strom nicht mehr stark genug ist, um ein kräftiges Magnetfeld zu erzeugen. — Mittels des magnetischen Feldes in der Dipolmitte kann die Frequenz mit dem Kurzwellenmesser durch Kopplung der Wellenmesserspule an die Mitte des Dipols festgestellt werden.

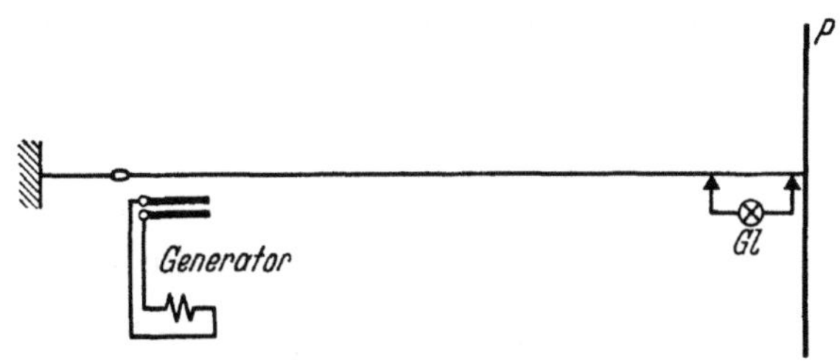

Abb. 44. Elektrische Erregung eines einseitig geerdeten Drahtes.

Ein Dipol kann mit dem Generator mehrfach erregt werden, wenn er genügende Länge besitzt. In Abb. 43 ist das Verfahren dieser mehrfachen Erregung durch das elektrische Feld des Generators angegeben, sie kann in gleicher Weise auch durch das Spulenfeld geschehen, wenn eine zweckmäßige Ankopplung erfolgt.

Wird ein Dipol geerdet, so ist eine Erregung in der halben Wellenlänge nicht mehr möglich, weil am geerdeten Ende nur ein Strombauch, nicht ein Spannungsbauch, entstehen kann. Mit kurzen Wellen im Laboratorium ist der Versuch streng nicht durchführbar, weil eine eigentliche Erdung nicht hergestellt werden kann; jede Erdung bedarf längerer Leitungen, die also den Dipol nur verlängern. Als Ersatz für Erdung sind im Laboratorium ausgelegte Drahtnetze voll geltend, die aber in der Regel kaum zur Verfügung stehen. Als für Schauversuche ausreichender Ersatz lassen sich die Platten Größe 1 (60 × 60 cm) benutzen, an die der Draht angeschlossen wird (Abb. 44). Die Erregung der Betriebsspannung für den Sender kann auch hier magnetisch und elektrisch erfolgen, letzteres Verfahren ist für den Versuch bequemer. Der Resonanzstrom ist im Strombauch am größten,

[1] Das Lämpchen kann auch als Strommeßlämpchen nach dem auf S. 41 angegebenen Verfahren benutzt werden, als Vergleichslämpchen im Gleichstromkreis muß dann natürlich ein gleiches Lämpchen wie im Schwingungskreis benutzt werden.

also an der Verbindung des Drahtes zur Platte, was am einfachsten mit der vorhin benutzten Brücke festgestellt werden kann, die nahe der Platte den größten Strom anzeigt. Die Spannung an der Platte ist klein, eine Glimmlampe spricht an ihr nicht an, während sie am Drahtende aufleuchtet. — Die Resonanzfrequenz der abgestimmten Anordnung müßte nach der Theorie der Wellenlänge $\lambda = 4\,l$ entsprechen, die Frequenz ist tatsächlich größer, weil die „Erdung" nicht ausreicht. Die Empfängeranordnung entspricht der Senderanordnung, man wählt die Entfernung wie vorhin etwa 2,5 Meter.

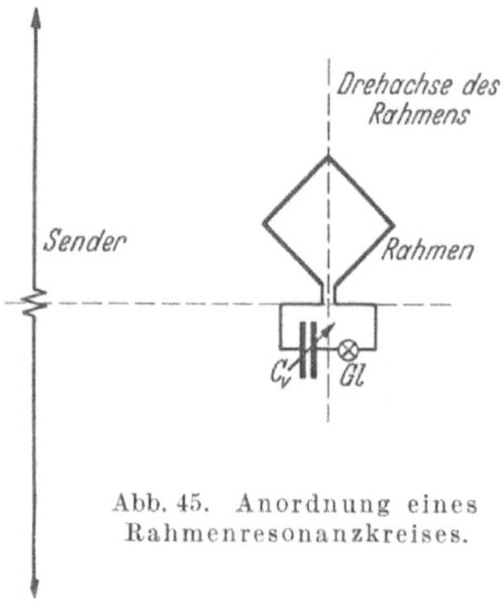

Abb. 45. Anordnung eines Rahmenresonanzkreises.

Es wurde oben gezeigt, daß ein geschlossener Resonanzkreis (= Kurzwellenmesser) ausreichende Betriebsspannung erhält, wenn seine Spule dem magnetischen Felde in der Mitte des Dipols ausgesetzt wird. Der Versuch läßt sich in weit größerer Entfernung vom Dipol anstellen, wenn die Spule vergrößert, die Kapazität also verkleinert wird. Die Anordnung läßt sich in solchen Ausmaßen ausführen, daß Induktivität und Kapazität genügend definiert sind, um wenigstens näherungsweise einige Rechnungen durchführen zu können. Die Spule wird zweckmäßig wie beim Wellenmesser mit einer einzigen Windung ausgeführt, die aber einen weit größeren Durchmesser hat. Eine Spule von solchem Umfang hat in der Technik den Namen „Rahmen" erhalten, und der Empfang, der mit seiner Hilfe durchgeführt werden kann, heißt „Rahmenempfang" (vgl. S. 7). Die Erregung der Betriebsspannung für den Rahmen geschieht durch das magnetische Feld des Senders, das horizontal verläuft, sobald die elektrischen Feldlinien senkrecht auf der Erdoberfläche stehen; in dieser Richtung muß auch der Senderdipol angebracht sein. Im Laboratorium verlaufen die magnetischen Feldlinien bei senkrechter Anordnung des Dipols in der Äquatorebene sicherlich horizontal (wenn keine starken Feldverzerrungen auftreten), der Rahmen muß also etwa in dieser Ebene aufgestellt sein (Abb. 45). Um den Aufbau für die Versuche möglichst bequem zu machen, ist es zweckmäßig, Generator und Sender wieder wie früher (vgl. Abb. 39) zu vereinigen. Die Wellenlänge sei wieder etwa 10 Meter, wobei der Generator eine Spule mit 3 Wdg. trägt, die Dipole seien die gleichen wie früher. Abb. 46 bringt ein Schaubild, wie etwa der Generator

Abb. 46. Schaubild des senkrecht gestellten Kurzwellengenerators (Rückseite), vgl. Abb. 30.

(= Sender) angebracht werden kann; die Dipole sind im Bild nur angedeutet. — Der Rahmen besteht aus starkem Draht, so daß er eine gute Starre besitzt und keinen weiteren Halt braucht. Die Enden des Ringes erhalten Kabelschuhe, mit denen sie an ein Klemmbrett mit angeschlossenem kleinen Drehkondensator nach Abb. 40 gelegt werden (beide Spulen und die Dipole müssen entfernt werden). Der Rahmen habe etwa einen Durchmesser von 20 bis 25 cm; der Kondensator und ein Einwattlämpchen sind mit dem Rahmen nach Abb. 46 in Reihe gelegt. Die Anordnung wird am besten auf ein Drehgestell gesetzt, das etwa in 50 bis 100 cm Entfernung von den Dipolen aufgestellt ist. — Die Wirkwiderstände, die der Rahmen selbst in den Kreis hineinbringt, sind klein, ein Strahlungswiderstand ist praktisch nicht vorhanden, so daß als wesentlicher Wirkwiderstand nur der Lampenwiderstand übrigbleibt. Wegen der kleineren Wirkwiderstände und der verhältnismäßig großen Induktivität ist die Abstimmung der Anordnung außerordentlich scharf, so daß es anfangs schwierig ist, sie überhaupt zu halten. Der Rahmen wird so gedreht, daß seine Fläche auf den Dipol weist; in dieser Stellung durchsetzt das Magnetfeld die Rahmenfläche senkrecht, die induzierte Betriebsspannung ist daher ein Maximum, während sie in der zu dieser senkrechten Stellung gleich Null ist; nach erfolgter Abstimmung zeigt das Lämpchen im wesentlichen die Betriebsspannung an, die im Rahmen induziert wird. Bei einer Drehung des Rahmens um 360° findet zweimal die maximale Induktion statt, zweimal ist sie Null. Der Rahmen zeigt eine ausgeprägte Richtwirkung, und zwar ist die Nullstellung sehr scharf ausgeprägt, während die Maxima weit weniger scharf einzustellen sind. In Abb. 47 sei O die Richtung des Senders, so daß die größtmögliche induzierte Spannung eintritt, wenn die Rahmenfläche in die Richtung O zeigt. Der Fahrstrahl $U_b = U_{\max} \sin\varphi$ zeigt die bei Drehung des Rahmens um den Winkel φ induzierte Spannung an; man erkennt, daß die Nullspannung sehr scharf ausgeprägt ist. Der Sender liegt auf der Normalen zu der Nullstellung des Rahmens.

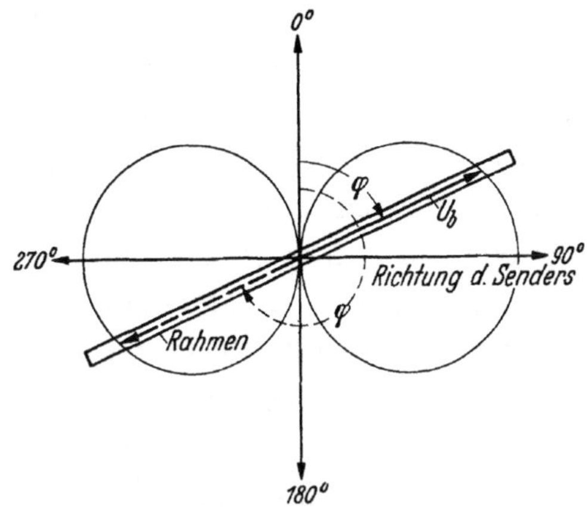

Abb. 47. Peilmaxima und -minima eines Rahmens.

Der Rahmen hat heute bekanntlich in der Nautik und in der Flugtechnik als „Peiler“ eine große Bedeutung erlangt, worauf hier nicht weiter eingegangen werden kann. Der Rahmen gibt nicht ohne weiteres die richtige Seite an, auf welcher sich der angepeilte Sender befindet, es muß eine sog. „Seitenbestimmung“ zu Hilfe kommen, die durch eine sog. Hilfsantenne ausgeführt wird; man überlagert der veränderbaren Erregung des Rahmens eine unveränderbare Erregung (Hilfsphase genannt) mittels eines zweiten, durch die Hilfsantenne erregten Kreises, der keine Richtwirkung hat. Dann zeigt sich in einer Richtung des Rahmens ein ausgeprägtes Maximum, in der dazu um 180° verschobenen Richtung ein Minimum. Wird die ganze Anlage geeicht, so ist die richtige Seite (Senderseite) mittels der Hilfsantenne zu bestimmen.

Die Metallteile des Rahmens erfahren auch eine rein elektrische Induktion, was zur Folge hat, daß auch in seinen Nullstellungen kleine Betriebsspannungen übrigbleiben, die schwache Resonanzströme hervorrufen; sie sind praktisch unschädlich, weil das Minimum scharf erkennbar bleibt.

Im folgenden sei noch eine Rechnung über die am Rahmen auftretende Resonanzspannung und über die Dämpfungsdekremente gegeben; die Rechnung kann auf große Genauigkeit keinen Anspruch machen, aber ein Überschlag ist doch möglich. Zunächst ist es notwendig, Betriebsinduktivität und -kapazität des Resonanzkreises kennenzulernen. Zu dem Zweck wurde der kleine Drehkondensator gegen einen Plattenkondensator der Größe 10×10 cm ausgetauscht, dessen Kapazität sich annähernd nach der auf S. 48 angegebenen Formel berechnen läßt. Bei Abstimmung auf den Sender ($\lambda = 10$ Meter) war der Plattenabstand ungefähr 0,5 cm, die Kapazität war demnach etwa 15,9 cm oder 17,7 pF. Das sind Zahlen, die sicherlich ungenau sind, weil im Kreise durch den Rahmen und die Platten selbst eine merkliche Streukapazität vorhanden sein wird, aber für eine überschlägige Rechnung genügt die Angabe; die Betriebsinduktivität beträgt dann nach Gl. (24) etwa $1{,}59 \cdot 10^{-3}$ mHy. Der Blindwiderstand der Spule bei der Frequenz $3 \cdot 10^7$ Hz wird daraus zu etwa 48 Ohm gefunden, so daß die Messung der Betriebsspannung mit einer einzigen Spannungslampe sehr fehlerhaft wird, weil der Widerstand der Lampe schon zu klein ist. Bei Reihenschaltung von 2 Lampen wird man in Annäherung noch ein für eine Überschlagsrechnung brauchbares Ergebnis erhalten. Der Rahmen wurde in etwa 75 cm Entfernung vom Sender aufgestellt und die Messung ausgeführt; sie ergab etwa eine Spannung $U_b = 2{,}8$ Volt; der Wert ist etwas zu klein, doch beträgt die Abweichung nur wenige Prozent, so daß sie vernachlässigt werden kann. Nach dieser Messung wurde der Resonanzkreis wieder hergestellt, ein Amperemeter eingeschaltet und der Kreis auf Abstimmung gebracht; sie ist sehr scharf, so daß die Einstellung einige Mühe macht. Der Strom I_{res} war 0,6 Amp, der Wirkwiderstand daher $1{,}9/0{,}6 =$ etwa 3,17 Ohm. Das Instrument hatte einen Widerstand von etwa 0,8 Ohm, der Rest ist zum kleinen Teil durch Strahlung hervorgerufen. — Aus den angegebenen Zahlen läßt sich das Dekrement und die Spannungsverstärkung berechnen; es wird $\vartheta = 0{,}033$ und daher $U_{\text{res}}/U_b = \pi/\vartheta =$ etwa 95. — Wenn auch die errechneten Zahlen, wie erwähnt, auf Genauigkeit keinen Anspruch machen können, so wird trotzdem der Unterschied der Eigenschaften des Rahmens und der gestreckten Antenne (Dipol) offenbar, wenn Dekremente bzw. Spannungsverstärkungsverhältnisse miteinander verglichen werden.

Im Schauversuch wird das Amperemeter fortgelassen und dafür ein Einwattlämpchen eingeschaltet, wobei der Rahmen vielleicht ein wenig dem Generator genähert werden muß, um die notwendige Betriebsspannung herzustellen. Wird der Rahmen gedreht, so brennt das Lämpchen hell oder es ist dunkel, je nach der Lage der Rahmenfläche zum Sender. — Rückstrahlungen können noch in weiter Entfernung vom Sender die nötige Betriebsspannung bewirken; dann zeigt aber die Fläche des Rahmens nicht mehr auf den Sender, der Rahmen „schielt", er peilt die Richtung zum Sender um einen mehr oder weniger großen Winkel verkehrt. Die Erscheinung tritt auch bei technischen Peilern auf, wobei allerdings andere Ursachen vorhanden sind; sie können hier nicht erläutert werden.

IV. Versuche zur Parallelresonanz.

Auch mit den sehr hohen Frequenzen, wie sie in diesem Abschnitt benutzt worden sind, lassen sich in gleicher Weise wie im vorstehenden Abschnitt Versuche zur Parallelresonanz ausführen. Die Fehler, die im Anschluß an die Schaltung Abb. 23 erörtert worden sind, treten hier in noch höherem Maß auf, doch können die zugehörigen Schauversuche ohne weiteres auch hier mit kurzen Wellen ausgeführt werden. Eine Schwierigkeit macht sich allerdings um so mehr bemerkbar, je höher die Frequenz wird: Alle Leitungen wirken als Antennen und alle Schleifen als zusätzliche merkliche Induktivität. Wird aber die Frequenz auf etwa 10^7 Hz festgelegt ($\lambda = 30$ Meter), wobei der Generator etwa eine Spule 7 Wdg. besitzt und ebenso der Resonanzkreis (der als Kapazität einen normalen Drehkondensator hat, während im Generatorkreis die Platten als Kapazität bleiben), so gelingt der Schauversuch einwandfrei. Als Spule *Tr* dient eine Windung, die nur lose gekoppelt wird. — Löst sich eine der Zuleitungen zum Resonanzkreis, so wirkt diese freie Leitung sofort als Antenne, die auf das elektrische Streufeld des Generators anspricht, so daß der Parallelresonanzkreis sich sofort in einen Reihenresonanzkreis mit elektrisch auf die Kondensatorbelegungen induzierter Betriebsspannung umwandelt, die einen so hohen Resonanzstrom bewirkt, daß alle Indikatorlämpchen Gefahr laufen, sofort zerstört zu werden. Der Versuch ist in dieser Form sehr aufschlußreich.

Wird nach Abb. 24 als Widerstand *R* eine 10-Watt-Lampe (220 Volt) in den äußeren Kreis gelegt, wobei die Spule *Tr* näher gekoppelt werden muß, so wird der Resonanzkreis, wie bei den entsprechenden Versuchen mit kleinerer Frequenz (vgl. S. 45), abstimmbar, ein Versuch, der auch mit den Kurzwellenkreisen ohne Schwierigkeit gelingt, wobei entweder die Frequenz oder die Kapazität im Resonanzkreis geändert werden kann. — Auch Versuche mit Koppelwellen sind in gleicher Weise wie früher beschrieben auszuführen und auch der Kopplungsgrad von Kurzwellenspulen ist, nachdem die betreffenden Frequenzen mit dem Kurzwellenmesser festgestellt sind, zu berechnen. Wurden z. B. zwei gleiche, mit je einer Kurzwellenspule 12 Wdg. und je einem normalen Drehkondensator (500 cm max) versehenen Kreise miteinander gekoppelt, so betrug die große Wellenlänge etwa 44 Meter, die kleine 36 Meter; daraus berechnet sich ein Kopplungsgrad etwa 19,8%.

Fünfter Abschnitt.

Resonanzversuche und -messungen an mittelfrequenten Stromkreisen.

(300 bis 10000 Hertz.)

Vorbemerkung. Die Resonanzversuche, die sich mit mittelfrequenten Wechselströmen ausführen lassen, können an sich neue Ergebnisse nicht bringen; in Bezug auf die Spannungsverstärkung der Reihenresonanz sind sie den Niederfrequenzversuchen voranzustellen, den Hochfrequenzversuchen nachzustellen. Die Erregung der Betriebsspannung kann hier gleich den Niederfrequenzversuchen nur durch das magnetische Feld erfolgen; weil aber Eisenkerne noch fehlen können, sind die Messungen genauer durchführbar als dort, die Werte der Induktivitäten können mit der Brücke leicht bestimmt werden und sind im Gegensatz zu den Eisenkernspulen für alle benutzten Frequenzen unveränderlich. Ist die Kapazität bekannt, so läßt sich die Resonanzfrequenz berechnen; größere Spulen haben allerdings eine merkliche Eigenkapazität, die mit in die Betriebskapazität eingeht, also die Resonanzfrequenz mit bestimmt; wenn aber die bekannte Kapazität groß genug ist (0,01 μF und mehr), so spielen die Spulenkapazitäten nur noch eine geringe Rolle und können im allgemeinen für die Berechnung der Frequenz vernachlässigt werden. — Rechnungen und vergleichende Messungen ergeben daher bei Versuchen mit Mittelfrequenz Übereinstimmungen, die sich bei den entsprechenden niederfrequenten Versuchen nicht erreichen lassen. Als Spannungsmesser wird, ein Vorteil gegenüber den Hochfrequenzversuchen, das an Niederfrequenz geeichte vereinfachte Röhrenvoltmeter benutzt, wie es S. 15 beschrieben ist. — Als besonderer Vorteil für alle mittelfrequenten Versuche gegenüber den früheren ist hervorzuheben: Die Frequenz kann mittels eines Lautsprechers abgehört werden; der Lautsprecher oder auch ein Telephon wird ohne Verstärker mittels einer an den Generator gekoppelten Spule erregt. So läßt sich die Tonhöhe des Generators, also seine Frequenz, mit dem Ohr beurteilen, die sogar z. B. durch Vergleichen mit einer Stimmgabel in dieser Weise genau gemessen werden kann.

Die Sammlung an Spulen und Kondensatoren zu den Versuchen ist größer als früher; die Versuche erfordern größere Mittel als alle bisher beschriebenen.

I. Der Generator.

Zur Erzeugung der mittelfrequenten Wechselströme wird wieder die Röhre benutzt, wobei der Aufbau nach Abb. 17 zur Verwendung kommt; lediglich der Resonanzkreis LC muß ausgewechselt werden. Aber auch Gitterkondensator und Gitterableitungswiderstand müssen ausgetauscht werden, sie sind zu klein; es sei in dieser Beziehung auf die früheren Erläuterungen (vgl. S. 26 u.f.) verwiesen, so daß sich hier eine nähere Erörterung erübrigt. Der Gitterableitungswiderstand muß größer sein als früher, weil die weit kleineren Frequenzen eine zu geringe negative Vorspannung der Gitter bei Beibehaltung des früheren Wertes R_g bewirken würden; wird aber R_g vergrößert, so wird auch C_g zu klein, wenn der früher benutzte Kondensator bleibt. Für die Mittelfrequenzen, die für die folgenden Versuche in Betracht kommen, etwa 9900 bis herab zu 350 Hz, hat sich ein Ableitungswiderstand $R_g = 20000$ Ohm und ein Kondensator $C_g = 0{,}1\,\mu$F (von 1000 Hz abwärts größer) als ausreichend erwiesen, wenn die Frequenzausbildung durch R_g und C_g nicht beeinflußt werden soll. Kommt es auf die genaue Kenntnis der Frequenz (d. h. auf vielleicht $\pm 2\%$) nicht an, so kann R_g kleiner sein; dadurch werden, wie früher beschrieben, die Röhren zu größerer Leistungsabgabe veranlaßt; in diesem Fall kann R_g bis auf etwa 6000 bis 10000 Ohm verkleinert werden, wenigstens bei höheren Mittelfrequenzen; es lassen sich hier nur allgemeine Weisungen geben; letzten Endes kommt es darauf an, daß die Röhren nicht überlastet sind, wobei hier das gleiche gilt wie das früher Gesagte.

Daß die Frequenz mit fallendem R_g steigt, wie S. 26 als notwendig folgend erkannt wurde, läßt sich bei den mittelfrequenten Strömen leicht mit dem Lautsprecher nachweisen; dabei findet man auch, daß C_g einen gewissen Wert nicht unterschreiten darf, wenn der Generator zur Zufriedenheit arbeiten bzw. nicht aussetzen soll. — Die Drosselspule zur Unterdrückung der wilden Schwingungen ist bei Erzeugung mittelfrequenter Wechselströme größer als früher zu wählen; die Spule 2 (vgl. Abb. 18) ist zweckmäßig.

Der Resonanzkreis LC muß so bemessen sein, daß alle gewünschten Frequenzen leicht hergestellt werden können. Ein Spulenvariometer als Mittel zur Änderung der Frequenz scheidet aus, die Frequenzspanne wird nicht weit genug; es ist besser, der Induktivität, wie bei den Hochfrequenzgeneratoren, einen festen Wert zu geben und dafür die Kapazität veränderbar zu machen. Das kann bei Mittelfrequenz nur durch Zu- oder Abschalten von Blockkondensatoren geschehen; nur bei den höchsten Mittelfrequenzen läßt sich mit Erfolg auch noch ein Drehkondensator benutzen; in der Regel ist aber eine stetige Veränderbarkeit der Frequenz nicht möglich.

Bei höheren Frequenzen, etwa ab 2000 Hz, sind nur Glimmerkondensatoren brauchbar; Papierkondensatoren (Becherkondensatoren) haben bei höheren Frequenzen hohe Verluste, sie werden infolge von Hysterese so warm, daß sie schnell zerstört sind. Bei niederen Frequenzen lassen sie sich verwenden, zumal bei Reihenschaltung einiger Blocks gleicher Größe, so daß die Belastung geteilt wird; bei guten Ausführungen sind die Kapazitätswerte heute so genau eingehalten, daß eine Frequenzberechnung bis zu einer befriedigenden Genauigkeitsgrenze zuverlässig wird. Man setzt am besten alle notwendigen Kondensatoren auf das gleiche Brett, wobei die Schaltung so eingerichtet sein muß, daß Reihen- und Parallelschaltung nach Belieben möglich wird. — Zweckmäßig ist folgende Anordnung, wie sie Abb. 48 zeigt: man versieht die Kondensatoren an jeder Seite mit je 2 Buchsen, so daß eine Parallelschaltung mehrerer Blocks, dann wieder eine Reihenschaltung mit anderen Sätzen, auszuführen ist. Eine Sammelschiene links und rechts ermöglicht das An- und Abschalten der Kondensatoren, wobei die beiden Schienen mit dem Kreis (Induktivität, Strommesser) dauernd verbunden bleiben. Die Entfernung der Buchsen voneinander läßt sich so halten, daß die Verbindungen durch passende Doppelstecker mit kurzem Verbindungssteg hergestellt werden können. — Benutzt wurden Kondensatoren mit Glimmerbelag in den Werten 0,005 μF (Anzahl 4), 0,01 μF (Anzahl 4), 0,08 μF (Anzahl 2), Becherkondensatoren in den Werten 1 und 2 μF (Anzahl je 4), die Prüfspannung der letzteren war 250 Volt Wechselspannung, für erstere 1000 Volt Wechselspannung (vgl. die Fußnote[1]).

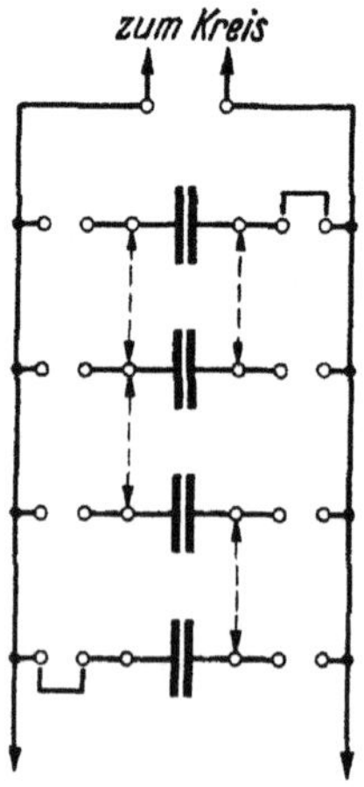

Abb. 48. Schaltanordnung für Kondensatoren.

Die Spule L muß eine so große Induktivität haben, daß der Generator für alle gewünschten Frequenzen ausreichende Leistung liefert; bekanntlich arbeitet eine Röhre nicht mehr, wenn die Betriebskapazität im Verhältnis zur Induktivität zu groß wird; außerdem muß die Spule wie bei den Hochfrequenzgeneratoren unterteilt sein, damit Gitter- und Anodenwechselspannung richtig bemessen werden können. Die Abmessungen der Spule sind unten beschrieben[1]; ihre Induktivität besitzt den Betrag 51,5 mHy, der Gleichstromwiderstand ist 10,1 Ohm. Ein Schaubild der Spule ist in Abb. 18; 4 gegeben.

II. Vorversuche (Die Spannung am Transformator in Abhängigkeit von der Frequenz).

Die im folgenden angegebenen Versuche und Messungen stehen mit dem Thema Resonanz nicht in Zusammenhang, sie zeigen nur die Beziehung zwischen Frequenz und Spannung entsprechend der Gl. (3); diese Beziehung ist nur mit Hilfe eines Generators nachweisbar, dessen Frequenz in weiten Grenzen geändert

[1] Spulenkörper: Preßspan, Wandstärke 2 mm. Äußerer Durchmesser 6,5 cm, Länge 3 cm. Zylinderform. Spule: Länge 6 cm, Anzahl der Lagen 20. Unterste Lage etwa 60, oberste Lage etwa 40 Windungen, insgesamt etwa 1000 Wdg. Gesamtlänge der Windungen etwa 250 Meter. Draht: 0,7 mm, 2mal Baumwolle. Die Spule besitzt nach jeder zweiten Lage eine Anzapfung, sie ist normal gewickelt. Da bei hohen Frequenzen (kleinen Kapazitäten) die Spulenspannung auf mehr als 1000 Volt ansteigen kann, ist darauf zu achten, daß Windungen oberer Lagen beim Wickeln nicht zwischen untere Lagen gedrückt werden, da es dann leicht zu Überschlägen kommen kann. Die Spule darf beim Wickeln nur an den Rändern leicht mit Schellack versehen werden, sonst erhält sie zu große Dämpfung. — Mit einer genügenden Anzahl Kondensatoren (10 μF und mehr) und einem geschlossenen Eisenkern in der Spule gelingt es, Frequenzen bis herab zu einigen Hertz zu erzeugen, so daß die Phasen der Wechselströme mit Instrumenten sichtbar gemacht werden können. Für Resonanzversuche sind die niederen Frequenzen ohne Wichtigkeit, so daß diese Versuche hier nicht erläutert werden sollen.

werden kann, wobei die Spannung bei jeder Frequenz genau zu bestimmen ist. Da der beschriebene Generator eine Frequenzänderung in den Grenzen etwa 10000 Hz bis herab zu 350 Hz zuläßt, ist hier in ausgezeichneter Weise die Möglichkeit gegeben, die Gl. (3) durch den Versuch zu bestätigen, die aussagt, daß die Spannung proportional der Frequenz fällt, wenn die Induktivität ein Festwert ist. In Abb. 49 ist der Versuchsaufbau angegeben. Die Spule *Tr* ist eine Spule, die schon früher benutzt worden ist (0,176 mHy, vgl. Abb. 18; 1), sie wird über die Generatorspule geschoben, so daß die erzeugte Sekundärspannung so hoch wie möglich wird. Der Blindwiderstand der Spule *Tr* ist vernachlässigbar, er beträgt z. B. für die Frequenz 10000 Hz nur noch etwa 11 Ohm. An den Transformator ist der Spannungsmesser angeschlossen, dessen Meßbereich I (vgl. S. 15) genommen werden muß, da die Spannungen nur klein sind. Es ist die Spannung am Transformator:

$$U_{Tr} = \omega L I \ddot{u},$$

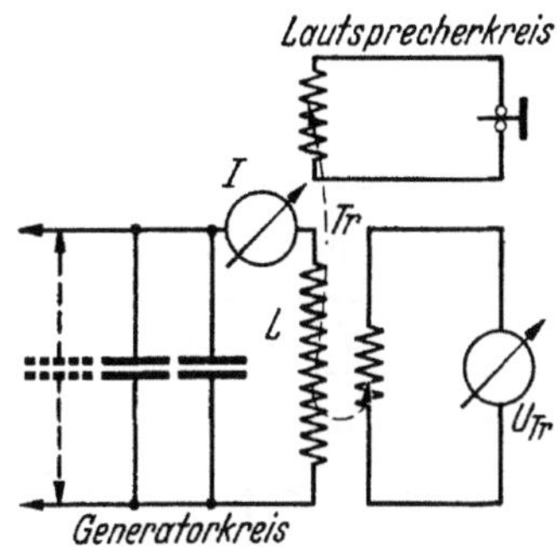

Abb. 49. Schaltanordnung des Mittelfrequenzgenerators mit Lautsprecherkreis und Abspanntransformator.

wo $\ddot{u}$ das Übersetzungsverhältnis des Transformators ist; $\ddot{u}$ ist ein Festwert, der nicht bekannt ist. L ist die Induktivität der Generatorspule (51,5 mHy); wird ihr Strom I nicht auf einem festen Wert gehalten, sondern beliebig gewählt (er ändert sich normalerweise stark mit der Frequenz, läßt sich aber durch bereits erläuterte Mittel und durch richtige Wahl der Anoden- und Gitterankopplung immer auf den gleichen Wert einstellen, wenn es nötig ist), so gilt für die Spannungen am Transformator bei verschiedenen Frequenzen f_1 und f_2 bzw. den Generatorströmen I_1 und I_2:

$$U_2 = U_{Tr} = \frac{f_2}{f_1} \frac{I_2}{I_1} U_1 .$$

In Abb. 49 ist noch gekennzeichnet, wie ein Lautsprecher oder ein Telephon durch den Generator erregt wird; man braucht für einen Lautsprecher eine Spannung 50 bis 100 Volt, wobei die Ströme durch den Lautsprecher trotzdem nur nach Milliamp zählen. Die Spule muß 100 oder 200 Wdg. haben, deren Querschnitt aber nur klein zu sein braucht; sie wird entweder auf die Generatorspule gelegt oder auch in sie hineingesetzt.

In der Tabelle 8 sind die Kapazitäten des Generators angegeben, die so ausgewählt sind, daß möglichst oft eine Frequenzhalbierung stattfindet ($C_1 : C_2 = 1 : 4$). Bei einer Betriebskapazität größer als 4 μF setzt der Generator aus, eine weitere Frequenzherabsetzung ist nur durch Erhöhung der Induktivität, d. h. durch Benutzung eines Eisenkerns, möglich. — Einer Kapazität 0,005 μF entspricht eine Frequenz 9912 Hertz, die höchste Frequenz, die hier erzeugt werden soll. Es ist zweckmäßig, diesen kleinsten Kondensator fest mit der Spule zu verbinden, damit nicht bei Fehlen dieser Kapazität die Spule allein mit ihrer Eigenkapazität arbeitet; es entstehen dann sehr hohe Frequenzen, die eine so hohe Spannung an der Spule erzeugen können, daß deren Isolation durchschlagen wird. — Die Frequenzen sind nach Gl. (24) berechnet worden; tatsächlich mögen sich Abweichungen von dieser berechneten Frequenz ergeben, die aber belanglos sind. Die Kapazitätswerte C sind, wie schon erwähnt, durch Parallel- bzw. Inreiheschalten einzelner Kondensatoren 0,005, 0,01, 0,08, 1 und 2 μF entstanden; die beiden letzten sind Becherkondensatoren, die übrigen Glimmerkondensatoren. Bis herab zur Frequenz 1735 Hz einschl. wurden diese benutzt, dann die Becherkondensatoren. Die Spannungen U_L sind die Spulenspannungen, die aus der Gl. (3) berechnet wurden; sie sind anfangs sehr hoch und fallen mit der Frequenz. Eine direkte Messung dieser Spannungen kann mit dem Röhrenvoltmeter nicht vorgenommen werden, weil sich bei Anlegen des Instruments an die Spule ein Gleichstrom dem Wechselstrom überlagern würde; die Spannungen an einer Spule von gleichem Induktivitätsbetrage werden später in Reihenresonanzschaltungen gemessen. — In der folgenden Spalte der Tabelle sind die Spannungen am Transformator angegeben, die das Röhrenvoltmeter angezeigt hat. In der letzten Spalte stehen die nach der oben geschriebenen Gleichung berechneten Spannungen U_{Tr}, wobei $U_1 = 11{,}25$ Volt die Spannung ist, die bei der Frequenz 7012 Hz gemessen wurde; gemessene und berechnete Werte stimmen so gut überein, daß die Gl. (3) völlig bestätigt wird. Die höchste Frequenz für U_1 wurde nicht gewählt, weil hier der Strom I (= 0,33 Amp) noch verhältnismäßig klein und seine Ablesung deswegen mit zu großer Ungenauigkeit behaftet ist. — Bei den niederen Frequenzen sind die Abweichungen verhältnismäßig groß; die Ursache liegt in der größeren Ungenauigkeit bei der Ablesung des Röhrenvoltmeters bei so kleinen Spannungswerten. — Im allgemeinen sind die Fehler der berechneten Werte U_{Tr} nicht größer als etwa 1%, die Abweichungen der berechneten Frequenz von der wahren Frequenz können daher ebenfalls nicht größer sein.

Tabelle 8.

Primär- und Sekundärspannungen am Mittelfrequenztransformator als Funktion der Frequenz und des Primärstromes I.

C =	f =	I =	U_L =	$U_{Tr\,\text{abl.}}$ =	$U_{Tr\,\text{ber.}}$ =
0,005	9912	0,33	1058	11,35	11,53
0,01	7012	0,455	1032	11,25	—
0,02	4956	0,620	995	10,75	10,83
0,03	4049	0,725	950	10,30	10,20
0,04	3506	0,805	914	9,95	9,96
0,08	2478	0,945	758	7,87	7,79
0,125	1984	0,90	578	6,28	6,30
0,16	1753	1,00	568	6,16	6,18
0,25	1402	0,92	418	4,58	4,55
0,50	992	0,98	315	3,48	3,43
1,0	701	0,92	209	2,35	2,28
2,0	496	0,86	138	1,40	1,50
4,0	351	0,68	77	—	—
μF	Hz	Amp	Volt	Volt	Volt

Der eisenfreie Transformator besitzt nur geringe Streuung, die Kopplung der Spulen ist sehr groß, weil die Sekundärspule eng über die Primärspule geschoben ist. Daher ist in Annäherung auch nachweisbar, daß die Sekundärspannung proportional der Windungszahl der Sekundärspule zunimmt, und daß diese Zunahme von der Frequenz unabhängig ist, wenn diese während der Messung unverändert bleibt. — Auch die lineare Zunahme des Stromes durch eine Kapazität mit wachsender Frequenz bei konstanter Spannung ist nachweisbar, und es lassen sich im übrigen eine Reihe von Schauversuchen mit Hilfe des Generators ausführen, deren Mitteilung hier jedoch zu weit führen würde.

III. Versuche und Messungen zur Reihenresonanz.

Die Versuche zur Reihenresonanz mit mittelfrequenten Wechselströmen sind sehr wertvoll, weil Spulen und Kapazitäten im Betrage stets genügend groß und deswegen fest definiert sind, was bei hochfrequenten Anordnungen infolge der Streufelder stets nur näherungsweise der Fall ist; gegenüber den entsprechenden Versuchen bei Niederfrequenz besteht der Vorteil, daß Induktivitäten und Kapazitäten dem Werte nach weitgehend geändert werden und daß diese Änderungen auch für die Induktivität genau und willkürlich festgelegt werden können. Die Kapazitätsänderungen führen, im Gegensatz zu den Niederfrequenzversuchen, nicht auf so hohe Beträge, daß die Kondensatoren nicht noch zu beschaffen sind. Einen weiteren Vorteil bringt die Möglichkeit der Frequenzänderung in weiten Grenzen (etwa 1 : 20); deshalb lassen sich Resonanzkurven unter so verschiedenen Bedingungen aufnehmen, wie es bisher nicht der Fall war, wobei auch die Resonanzspannungen bei den verschiedenen Frequenzen gemessen und miteinander verglichen werden können; die Versuche und Messungen sollen daher ausführlich behandelt werden. Um die Sammlung an Kondensatoren nicht allzusehr anwachsen zu lassen, ist es zweckmäßig, von der Möglichkeit, die Kapazität durch Parallel- bzw. Reihenschaltung von Kondensatoren verändern zu können, weitgehend Gebrauch zu machen. Becherkondensatoren können etwa in den Beträgen 0,1 μF und mehr zur Verwendung kommen; es ist nicht notwendig, im gleichen Ausmaß wie beim Generator Glimmerkondensatoren zu verwenden; die Kondensatoren werden im Resonanzkreis weniger belastet als im Generator, die Frequenz ist im Generator festgelegt, und kleinere Abweichungen des Kapazitätsbetrages vom Nennwert, wie sie bei Becherkondensatoren vorkommen, sind bei den Messungen in der Regel belanglos.

Die Schaltung für die Meßanordnung unterscheidet sich nicht von den früher benutzten Anordnungen für Reihenresonanz (vgl. Abb. 8 und 19), so daß sich eine neue Schaltangabe erübrigt. Die Transformatorspule Tr (vgl. Abb. 19) ist die gleiche wie die oben in Kap. I benutzte, G ist der Mittelfrequenzgenerator. Zur Herstellung der Spannung U_b werden nur Teilspannungen an der Spule gebraucht, sie können nach Belieben gewählt werden, da die Spule 8 Unterteilungen hat; bei den niederen Frequenzen muß ein größerer Teil der Windungen eingeschaltet sein. Die Betriebsspannung ist bei den Messungen etwa auf 4 bis 5 Volt gehalten, sie wird mit dem Röhrenvoltmeter (Bereich I, vgl. S. 15) gemessen. — Die Induktivität L des Resonanzkreises hatte bei den Messungen zwei verschiedene Werte, und zwar 51,5 bzw. 5,7 mHy; als Spule wurde die gleiche Type wie beim Generator, für den Wert 5,7 mHy in einer ihrer Unterteilungen, benutzt; die beiden Werte verhalten sich in für die Rechnungen ausreichender Näherung wie 9 : 1; wird die Frequenz unverändert gelassen und die Induktivität herabgesetzt, so muß die Kapazität um das gleiche Verhältnis erhöht werden. — Die Spannung U_L bzw. U_{res} wird mit dem Röhrenvoltmeter (Bereich III) gemessen, die Ströme I_{res} müssen mit einem Hitzdraht- oder Thermoinstrument festgestellt werden.

In der folgenden Tabelle 9 sind eine Reihe von Messungen in ähnlicher Weise wie in Tabelle 1 zusammengestellt. Die Resonanzspannung ist trotz des kleinsten Stromes am größten bei der höchsten Frequenz (7012 Hz), sie fällt mit der Frequenz und mit dem Betrag der Induktivität (vgl. Reihe 2 und 3 der Tabelle); gemessene und berechnete Werte U_{res} stimmen gut überein. Die Wirkwiderstände $R = U_b/I_{\text{res}}$ sind hoch; der Widerstand der Teilspule in der Gleichstrombrücke war z. B. nur etwa 2 Ohm, während der Wirkwiderstand des Kreises bei der Frequenz 2338 Hz etwa 6 Ohm beträgt, eine Folge der schlechten Beschaffenheit des Diëlektrikums (diëlektrische Verluste) der bei der Messung benutzten Becherkondensatoren. Wegen der hohen Wirkwiderstände steigt die Resonanzspannung auch bei der höchsten Frequenz nicht über 420 Volt; das Verhältnis U_{res}/U_b fällt wie erwartet mit fallender Frequenz und mit fallender Induktivität. — In der letzten Spalte der Tabelle sind die Dekremente der einzelnen Resonanzkreise angegeben, wie sie aus Gl. (12) durch Rechnung gefunden werden; der Wert π/ϑ muß dann nach Gl. (9) gleich dem Verhältnis U_{res}/U_b sein. In der letzten Spalte der Tabelle 9 stehen die Werte π/ϑ und zeigen, daß die Abweichungen von den durch Messung gefundenen Werten U_{res}/U_b tatsächlich nur gering sind; die unerheblichen Differenzen ergeben sich zum Teil schon aus kleinen Ablesefehlern und sind ohne Belang.

Tabelle 9.

Resonanzspannungen und Spannungsverstärkungen bei sehr verschiedenen Frequenzen und verschiedenen Verhältnissen L/C.

$f =$	$C =$	$L =$	$I_{\text{res}} =$	$U_{\text{res ber.}} =$	$U_{\text{res gem.}} =$	$U_b =$	$\Re_L =$	$R =$	$U_{\text{res}}/U_b =$	$\vartheta =$	$\pi/\vartheta =$
7012	0,01	51,5	0,185	424	420	6,05	2268	32,7	70,1	0,0454	69,2
2338	0,09	51,5	0,36	277	272	5,45	756	15,1	50,8	0,0626	50,2
2338	0,81	5,7	0,75	64,5	62,8	4,61	83,7	6,1	14,0	0,228	13,8
992	0,5	51,5	0,41	134	131,4	5,84	321	14,2	22,9	0,1386	22,7
496	2	51,5	0,40	66,5	64,2	5,95	160	14,9	11,2	0,292	10,8
Hz	μF	mHy	Amp	Volt	Volt	Volt	Ohm	Ohm	—	—	—

Werden die Betriebsspannungen heraufgesetzt, so wachsen naturgemäß die Resonanzströme, die Ablesungen für I_{res} würden dann genauer werden können; es war aber in keinem Falle möglich, eine größere Betriebsspannung einzustellen, es traten dann Koppelfrequenzen auf, die eine Messung verhinderten.

Die Aufnahme von Resonanzkurven entwickelt sich in gleicher Weise wie in den früheren Abschnitten durch Veränderung der Kapazität. Auch die Induktivität könnte als unabhängige Variable genommen werden, ein Spulenvariometer für mittelfrequente Resonanzkreise ist leicht herzustellen; die Frequenz könnte ebenfalls als veränderliche Größe dienen, wobei dann C und L Festwerte erhalten müßten. Am bequemsten ist es jedoch, wie früher die Kapazität zu verändern. Drehkondensatoren sind nicht mehr brauchbar, ihre Kapazitätswerte bleiben zu klein, aber Blockkondensatoren stehen in beliebiger Größe zur Verfügung und lassen sich durch Parallel- oder Reihenschaltung stets zu dem gewollten Kapazitätswert zusammensetzen. — In der Folge sind drei Meßreihen wiedergegeben, deren Resonanzwerte schon in Tabelle 9 (Reihe 2, 3 und 5) stehen. Für die beiden ersten Tabellen 10 und 11 besteht Frequenzgleichheit, und die benutzten Induktivitäten verhalten sich etwa wie 9 : 1; die zweite Meßreihe unterscheidet sich von der dritten (Tabelle 12) durch Herabsetzung der Frequenz etwa im Verhältnis 4,7 : 1, die Induktivität ist hier wieder die gleiche wie in der ersten Aufnahme, so daß die Resonanzkapazität um etwa das 22fache größer geworden ist.

Um Einsicht in die Aufnahmetechnik zu geben, sind alle drei Meßreihen in Tabellen wiedergegeben. Die Ströme I sind großenteils so klein, daß sie am Instrument nicht mehr ablesbar waren; man hätte ein Verfahren anwenden müssen, um den Strom zu bestimmen, wie es früher benutzt wurde (vgl. S. 41), aber es wurde hier darauf verzichtet, weil das Verhältnis der Spannungen U_L zur Bestimmung der Resonanzkurve genügt; die Spannungen U_L wurden am Röhrenvoltmeter abgelesen. In der Tabelle 10 sind die Werte C, die kleiner sind als die Resonanzkapazität, durch Inreiheschalten der Kapazitäten 0,09; 0,5; 1 und 2 μF mit C_{res} entstanden, daher stehen unter C in der Tabelle zu Anfang die wenig abgerundeten Zahlwerte. Die Spannungen U_C folgen den gleichen Gesetzen wie früher (vgl. Tabelle 2), sie sind für $C < C_{res}$ größer, im anderen Falle kleiner als die

Tabelle 10.

Resonanzkurve. $f = 2338$ Hz.
$L = 51{,}5$ mHy. $R = 15{,}1$ Ohm.

$C =$	$I =$	$U_L =$	$U_C =$	$C/C_{res} =$	$U/U_{res} =$
0,045	—	8	10	0,5	0,029
0,0762	—	33	40	0,847	0,119
0,0825	—	66	71	0,916	0,238
0,0861	0,15	120	124	0,958	0,434
0,09	**0,36**	**277**	**277**	**1**	**1**
0,0925	0,22	168	166	1,028	0,60
0,095	0,14	104	100	1,055	0,375
0,10	—	60	56	1,111	0,217
0,11	—	34	28	1,222	0,123
0,12	—	25	18	1,333	0,093
μF	Amp	Volt	Volt	—	—

Tabelle 11.

Resonanzkurve. $f = 2338$ Hz.
$L = 5{,}7$ mHy. $R = 6{,}1$ Ohm.

$C =$	$I =$	$U_L =$	$U_C =$	$C/C_{res} =$	$U/U_{res} =$
0,51	—	9	12	0,63	0,14
0,61	0,14	12	18	0,753	0,188
0,71	0,33	27,5	32,5	0,876	0,423
0,81	**0,75**	**65**	**65**	**1**	**1**
0,91	0,38	33	28	1,123	0,508
1,01	0,24	21	17	1,247	0,318
1,11	0,19	16	10	1,37	0,246
1,31	0,12	10	8	1,617	0,16
μF	Amp	Volt	Volt	—	—

Tabelle 12.

Resonanzkurve. $f = 496$ Hz.
$L = 51{,}5$ mHy. $R = 14{,}9$ Ohm.

$C =$	$I =$	$U_L =$	$U_C =$	$C/C_{res} =$	$U/U_{res} =$
1	—	7,4	11	0,5	0,130
1,3	—	11,1	17	0,65	0,145
1,6	0,14	22	26	0,80	0,386
1,8	0,23	37	39	0,90	0,650
2	**0,35**	**57**	**57**	**1**	**1**
2,2	0,26	41	35	1,10	0,720
2,4	0,17	27	23	1,20	0,474
2,7	0,12	20	14	1,35	0,351
3	—	16	9	1,50	0,281
μF	Amp	Volt	Volt	—	—

zugehörigen Werte U_L. Die zu dieser Tabelle zugehörige Resonanzkurve zeigt Abb. 50, Kennlinie 1; zur Tabelle 11 gehört die Kennlinie 2 und zur Tabelle 12 die Kennlinie 3 der Abbildung. Die Resonanzwerte für I_{res} bzw. U_{res} sind etwas kleiner als in Tabelle 9 angegeben, weil die Betriebsspannung etwas herabgesetzt war; es handelt sich aber um den gleichen Kreis mit denselben Eigenschaften, dessen Resonanzwerte in Tabelle 9, Reihe 5, angegeben sind. — Als Kondensatoren wurden, mit Ausnahme der Aufnahme für Tabelle 10, für die Resonanzkreise nur Becherkondensatoren benutzt.

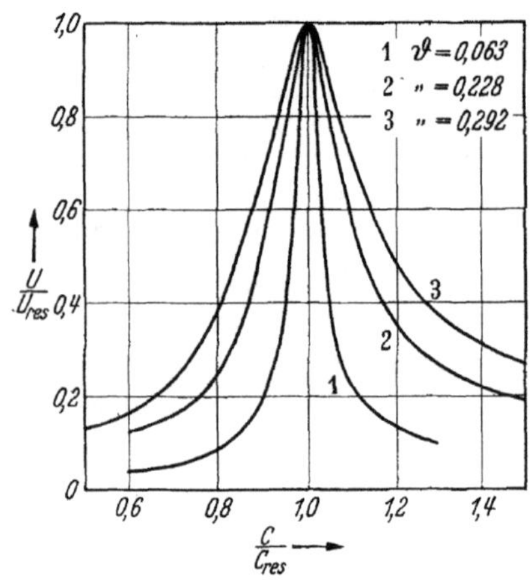

Abb. 50. Mittelfrequenz-Reihenresonanzkurven.

Mit den Kennlinien der Abb. 50 schließt die Darstellung von (Spannungs-) Resonanzkurven ab. Da alle in den verschiedenen Abschnitten abgebildeten Kurven im gleichen Maßstab wiedergegeben sind, so sind sie ohne weiteres miteinander zu vergleichen. Man erkennt, daß die Form der Resonanzkurven von der Frequenz ganz unabhängig ist, und daß zwei Resonanzkurven, an zwei ganz verschiedenen Kreisen aufgenommen, einander gleich sein müssen, wenn ihre Verhältnisse $U_{\text{res}}/U_b = \pi/\vartheta$ bzw. ihre Dekremente ϑ gleich groß sind.

Schauversuche.

Schauversuche, die den Eintritt der Resonanz bei Niederfrequenzkreisen durch stetige Veränderung der Induktivität (Verschieben des Eisenkerns) und bei Hochfrequenzkreisen durch stetige Veränderung der Kapazität (Drehkondensator) herbeiführen und deshalb sehr anschaulich wirken, sind mit der bisher beschriebenen Anordnung für mittelfrequente Resonanzkreise nicht auszuführen. Die Kapazitäten sind, wie erwähnt, zu groß zur stetigen Veränderbarkeit; dagegen lassen sich die gleichen Schauversuche in gleicher Wirksamkeit bei Mittelfrequenz zeigen, wenn eine stetig veränderbare Induktivität (Spulenvariometer) benutzt wird; wenn dann an die Induktivität ein Lautsprecher angeschlossen wird, so läßt sich der Eintritt der Resonanz auch hörbar machen. Es muß die Schaltung nach Abb. 19 benutzt werden, also die Betriebsspannung durch eine besondere Spule erzeugt werden, nicht etwa durch direkte Induktion des Generator-Spulenfeldes auf die Resonanzspule L, jedenfalls dann nicht, wenn ein Lautsprecher als Indikator dient, weil die Lautsprecher auch auf kleine Felder verhältnismäßig stark ansprechen, eine Folge der dann wachsenden Empfindlichkeit des menschlichen Gehörorganes. Als Stromindikator dienen, wie früher, Lämpchen. — Es ist möglich, als Induktivitätsvariometer eine Eisenkernspule zu nehmen, der Eisenkern wird dann verschoben. Hierfür einen Kern wie etwa bei den Niederfrequenzversuchen zu nehmen, ist aber nicht möglich, weil die Verluste infolge der weit höheren Frequenzen um vieles höher sind; die Wirkwiderstände würden so groß werden, daß eine Abstimmung nicht mehr merkbar wäre;

es ist schon nötig, einen aus Einzeldrähten zusammengesetzten Kern zu benutzen, der bei richtiger Dimensionierung des Kreises nur der Spule genähert zu werden braucht, um die Abstimmung herbeizuführen. Auf diese Weise werden die Schauversuche dann wieder sehr wirksam. — Die direkte Erzeugung der Betriebsspannung durch die Resonanzspule L, ähnlich wie bei den Hochfrequenzversuchen, ist hier kaum noch vorzunehmen, oder jedenfalls nur bei den höheren Frequenzen, weil eine merkliche Spannungsinduzierung nur noch in nächster Nähe der Generatorspule erfolgt. — Als Spannungsindikator läßt sich wie früher die Glimmlampe vorzüglich gebrauchen, da die Resonanzspannungen immer so groß sind, daß die Lampe zündet.

IV. Versuche und Messungen zur Parallelresonanz.

Die Parallelresonanzversuche mit Mittelfrequenz sind im Bereich etwa 500 bis 2000 Hz durchgeführt worden; diese Wahl bietet den Vorteil, daß die Frequenzen mit Lautsprecher oder Telephon gut abgehört werden können, und daß geringe Frequenzänderungen — die als Rückwirkungserscheinungen des Meßkreises auf den Generator nicht erwünscht und durch Herabsetzung der Leistungsentnahme zu verhindern sind — gut erkannt werden. Außerdem bleiben die Blindwiderstände noch niedrig genug, um bei den zur Verfügung stehenden Betriebsspannungen (bis zu etwa 70 Volt) hinreichend große Ströme zu erhalten, die genau ablesbar bzw. bei Schauversuchen mit Stromlämpchen beobachtbar sind. — Es werden nur solche Versuche und Messungen erläutert, die hier besser als bisher gelingen können und überzeugender wirken.

Die Schaltungsanordnung unterscheidet sich von der Hochfrequenzanordnung nur durch die anderen Kreise. G ist hier (vgl. Abb. 23) der Mittelfrequenzgenerator. Die Spannungsspule Tr hat eine größere Betriebsspannung zu erzeugen als vorhin, zweckmäßig ist daher die Spule *2* (Abb. 18), die wie die kleinere Spule über die Generatorspule geschoben wird; die Betriebsspannung U_b und die Spannung am Resonanzkreis wird mit dem Röhrenvoltmeter gemessen. Als Strommesser dienen für Schauversuche Einwattlämpchen in Parallelschaltung, für Messungen die bisher benutzten Strommesser. Als Induktivität im Resonanzkreis dient entweder eine gleiche Spule wie vorhin ($L = 51{,}5$ mHy), oder in der Regel ihr Teilwert $L = 5{,}7$ mHy. Als Kondensatoren werden im Resonanzkreis ausschließlich Becherkondensatoren benutzt, ihr Betrag wird zu den einzelnen Versuchen angegeben.

Die Messungen ohne äußeren Widerstand R (vgl. Abb. 3) leiden, wie die betr. Hochfrequenzmessungen, unter dem Nachteil, daß auch hier zugleich mit dem Parallelresonanzkreis ein Reihenresonanzkreis entsteht, der die Parallelresonanzmessungen fälscht. Der Nachweis, daß der Induktivitätsstrom konstant ist, wenn bei gleichbleibender Frequenz die Kapazität geändert wird, gelingt hier ebenfalls nicht, wenigstens nicht bei großen Änderungen der Kapazität. — Weit besser jedoch als bei den Hoch- und Niederfrequenzkreisen lassen sich hier die Ergebnisse der Berechnung und der Messung der Ströme I_L und I_C miteinander in Einklang bringen. Bei den Hochfrequenzversuchen gelang es nicht, weil die Spannungen nicht gemessen werden konnten (abgesehen davon waren oft auch die Werte von Induktivität und Kapazität wegen der Streuungen nicht genügend definiert, und außerdem sind die Brückenmessungen wegen der kleinen Werte nicht ganz einfach); bei den Niederfrequenzkreisen war die Induktivität der Eisenkernspule nicht einwandfrei festzustellen. Alle diese Nachteile fallen hier fort, die Induktivität ist gut definiert und auch in der Brücke leicht zu messen; die Kapazitätswerte sind in der Regel schon vom Hersteller der Kondensatoren hinreichend genau angegeben.

Tabelle 13.

Parallelresonanz. Berechnete und gemessene Resonanzströme. Induktivität $L = 5{,}7$ mHy.

$f =$	$C =$	$U_b =$	$\omega L = \frac{1}{\omega C} =$	$I_{\text{res ber.}} =$	$I_{L\,\text{gem.}} =$	$I_{C\,\text{gem.}} =$	$R_{\text{kr}} =$	$R_{\text{res}} =$	$I =$
496	18	19,5	17,7	1,10	1,00	1,06	6,0	—	0,37
992	4,5	25,0	35,5	0,70	0,68	0,69	6,2	203	0,12
1984	1,13	67,5	71,0	0,95	0,95	0,95	6,8	743	0,15
									(0,09)
Hertz	μF	Volt	Ohm	Amp	Amp	Amp	Ohm	Ohm	Amp

In der Tabelle 13 sind einige Messungen angegeben. Die Induktivität des Resonanzkreises ist für alle Messungen 5,7 mHy. Daraus berechnen sich gemäß den am Generator eingestellten Betriebsfrequenzen die zugehörigen Kapazitäten; sie verhalten sich jedesmal wie 4 : 1, weil die Frequenz um das Zweifache erhöht wurde. — Die Wirkwiderstände R_{kr} wurden vorher durch eine Reihenresonanzmessung festgestellt; wie weit sie sich im einzelnen auf Spule und Kondensatoren verteilen, bleibt unbekannt. Da in jedem Zweig ein Strommesser mit dem Wirkwiderstand etwa 0,8 Ohm liegt, so bleiben für $(R_L + R_C)$ noch etwa 4 bis 5 Ohm; es ist anzunehmen, daß hiervon die Spule den größeren Teil übernimmt. — Für die höchste Frequenz 1984 Hz sind gemessene und berechnete Resonanzströme genau gleich; das ist eine Folge der Eigenschaft des Kreises Blindwiderstand $\gg$ Wirkwiderstand: Die durch letzteren bewirkte Phasenverschiebung wird durch die Instrumente nicht mehr angegeben. — Bei $f = 992$ Hz treten schon kleine Abweichungen auf, die gemessenen Werte sind kleiner als die berechneten, und außerdem ist der Strom durch C größer als durch L, und bei der kleinsten Frequenz sind die Abweichungen schon bedeutend geworden. — In der vorletzten Spalte der Tabelle stehen die Resonanzwiderstände der Kreise $R_{\text{res}} = (\omega^2 L^2)/R_{\text{kr}}$; für die kleinste Frequenz ist dieser Widerstand nicht berechnet, weil der Blindwiderstand zu klein ist; für die mittlere Frequenz wird die Rechnung auch noch fehlerhaft sein, erst für die Frequenz 1984 Hz ist sie einwandfrei; der Resonanzwiderstand berechnet sich hier zu etwa 740 Ohm. Weil dieser Widerstand ein reiner Wirkwiderstand ist, müßte der Strom I den Wert $U_b/R_{\text{res}} = 0{,}091$ Amp annehmen, in Wirklichkeit ist er mit 0,15 Amp weit größer, eine Folge der Reihenresonanzwirkung. Sie läßt sich jedoch sehr abschwächen, wobei die übrigen Verhältnisse kaum geändert werden, wenn ein kleiner Widerstand etwa 20 Ohm in den äußeren Kreis gelegt wird; durch ihn wird der Reihenresonanzkreis außerordentlich gedämpft, und die Erhöhung der Stromamplitude tritt kaum in Erscheinung. Durch Einschaltung dieses kleinen Widerstandes sinkt der Strom I ungefähr auf den vorher berechneten Wert, der Resonanzstrom nimmt dabei kaum ab, weil der durch den Widerstand verursachte Spannungsverlust nur etwa 2 Volt beträgt. — Bei der mittleren Frequenz besitzt der Reihenresonanzkreis eine weit höhere Dämpfung (infolge der größeren Kapazität), so daß die Reihenresonanzwirkung nur gering bleibt, der gemessene Strom I unterscheidet sich kaum von dem berechneten Wert. — Für die kleinste Frequenz 496 Hz läßt sich der Wirkwiderstand des Kreises nach Gl. (16) nicht mehr berechnen; der Strom I nimmt einen großen Wert an und ist kein reiner Wirkstrom mehr, sondern besitzt eine große Blindkomponente, die für die beiden anderen Kreise ausgeführten Rechnungen bzw. Messungen sind daher hier gegenstandslos geworden.

Tabelle 14.

L und C sind fest. Resonanzfrequenz 1984 Hz. Verhalten der Blindströme unterhalb und oberhalb der Resonanzfrequenz 1984 Hertz.

$f =$	$U_b =$	$\mathfrak{R}_L =$	$\mathfrak{R}_C =$	$I =$	$I_L =$	$I_C =$
992	24,1	35,5	142,5	0,49	0,66	0,16
1984	30,3	71,0	71,0	$<0{,}1$	0,43	0,43
3506	35,0	125,5	40,3	0,59	0,28	0,87
Hz	Volt	Ohm	Ohm	Amp	Amp	Amp

Eine weitere aufschlußreiche Meßreihe ergibt sich, wenn für einen festen Kreis die Frequenz nach oben bzw. nach unten geändert wird, wobei die Frequenzwerte bekannt sein müssen. Eine kleine Zahl solcher Messungen und Rechnungen enthält die Tabelle 14. Die Induktivität des Resonanzkreises beträgt wie bisher 5,7 mHy, die Kapazität 1,125 μF, die Resonanzfrequenz ist 1984 Hz. Die Betriebsspannung ist auf 30,3 Volt eingestellt, der Resonanzstrom beträgt nach Messung und Rechnung übereinstimmend 0,43 Amp. Wird die Frequenz erhöht, so sinkt der Blindwiderstand der Kapazität, während der induktive Widerstand steigt, die Zweigströme müssen sich daher umgekehrt verhalten. Infolge der höheren Frequenz hat die Betriebsspannung zugenommen, sie hätte sich durch Regeln des Generatorstromes wie vorhin einstellen lassen, was jedoch für die Feststellung des Ergebnisses belanglos bleibt. Der äußere Strom I hat den Betrag $(I_C - I_L)$, Rechnungen und Messungen sind, weil die Wirkwiderstände gegen die Blindwiderstände klein sind, in Übereinstimmung. Wird die Frequenz von der Resonanzfrequenz herabgesetzt, so tritt die umgekehrte Wirkung ein, der Induktivitätsstrom steigt, während der Kapazitätsstrom fällt. Rechnungen und Messungen ergeben hier geringe Abweichungen, weil der Blindwiderstand der Spule gegen ihren Wirkwiderstand nicht mehr sehr überwiegt; aus dem gleichen Grunde ist auch die Summe der Zweigströme nicht mehr genau gleich dem äußeren Strom.

Wird nach Abb. 5 ein äußerer Widerstand R in den Stromkreis gelegt, so ist, wie früher, der Parallelresonanzkreis abstimmungsfähig, Ströme im Kreise und die Spannung U_L ($= U_C$) erreichen bei Resonanz ein Maximum. Bei Resonanz muß außerdem die Gl. (20, 1) erfüllt sein, d. h. die Betriebsspannung muß gleich der Summe der Spannungen an Widerstand R und am Kreis (LC) sein, da es sich um Wirkspannungen handelt. Wird die Resonanz verlassen, so entstehen zwischen beiden Spannungen Phasenverschiebungen, weil die Spannung am Kreis eine große Blindkomponente erhält, die Summe der Spannungen wird größer als die Betriebsspannung; bei Resonanz müssen sich die Teilspannungen wie die Widerstände verhalten. — Wird z. B., wie vorhin, die Frequenz auf 1984 Hz, die Induktivität auf 5,7 mHy und die Kapazität also auf 0,125 μF festgesetzt und in Reihe zum Kreis ein Widerstand $R = 1050$ Ohm gelegt, so betrugen die gemessenen Spannungen $U = 74{,}1$ Volt, $U_L = 29{,}8$ Volt, $U_R = 44{,}3$ Volt, der Resonanzstrom war 0,42 Amp. Der Wirkwiderstand des Kreises R_{kr} bzw. der Widerstand R_{res} wurden schon vorhin zu 6,8 bzw. 740 Ohm gefunden (vgl. Tabelle 13). Es ergeben sich nur kleine Abweichungen von den theoretischen Forderungen; es ist $1050/740 = 1{,}42$ und $44{,}1/29{,}8 = 1{,}48$, $U_L + U_R = 73{,}9$ gegenüber dem gemessenen Wert 74,1. Die geringen Unterschiede haben ihren Grund wahrscheinlich in kleinen Meßfehlern des Widerstandes R_{kr} und in einer belanglosen Abweichung der wahren von der berechneten Frequenz.

Würde man Ströme und Spannungen als Funktion der Kapazität auftragen, so würde man ähnliche Aufnahmen nach Abb. 15 erhalten, sie enthalten nichts Neues; wird aber die Dämpfung des Resonanzkreises herabgesetzt, so lassen sich hier einige Aufnahmen gewinnen, die früher bei Niederfrequenz nicht herzustellen waren. Die bisher benutzte Induktivität ist zu dem Zwecke nicht groß genug, es ist besser, die volle Induktivität der Spule = 51,5 mHy einzuschalten. Die Frequenz sei 992 Hz, so daß die Resonanzkapazität 0,5 μF beträgt, die aus parallel geschalteten Blöcken 0,1 μF hergestellt ist. Es lassen sich einzelne Kondensatoren ab- bzw. noch zuschalten, so daß die Kapazität in genügend kleinen Abständen veränderbar ist. Der Wirkwiderstand des Kreises wurde wie immer durch Reihenresonanzmessung festgestellt und betrug 16,5 Ohm; der Blindwiderstand $\Re_L = \Re_C$ berechnet sich zu 321 Ohm, der Resonanzwiderstand R_{res} daraus zu etwa 6240 Ohm. Die Ströme im Kreis und der Wirkstrom I sind sehr klein und mit den zur Verfügung stehenden Instrumenten nicht genügend ablesbar; das ist aber auch nicht notwendig, denn hier sind wesentlich die Spannungen von Interesse, die sich einstellen, wenn die Kapazität oder auch der Widerstand R (als Parameter) geändert wird. Die Betriebsspannung muß während der Aufnahmen unverändert gehalten werden, sie wurde auf 50,5 Volt geregelt. Die Aufnahmen sind in Abb. 51 wiedergegeben. Für Resonanz ist die Spannung $U_L = U_{res}$ am

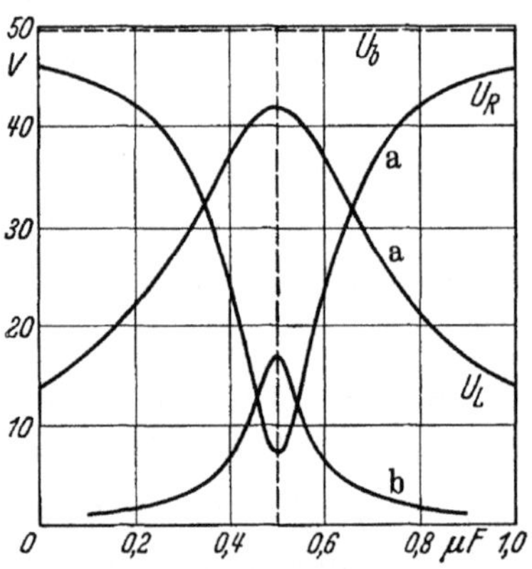

Abb. 51. Spannungen am Kreis und am äußeren Widerstand R bei einem Mittelfrequenz-Parallelresonanzkreis.

größten, sie beträgt 42,2 Volt, während U_R auf nur 7,0 Volt abgesunken ist; ihre Summe erreicht entsprechend der theoretischen Forderung fast genau den Betrag der Betriebsspannung. Das Verhältnis U_L/U_R ist 6,04, das Verhältnis $R_{res}/R = 6240/1050 = 5{,}94$, so daß auch in dieser Beziehung die Theorie gut bestätigt wird. — Außerhalb der Resonanz ist infolge der eintretenden Phasenverschiebung stets $(U_L + U_R) > U_b$, z. B. ergibt sich für die Kapazität 0,7 μF ein Wert $U_L = 28{,}3$ Volt und $U_R = 36{,}7$ Volt; für eine Einstellung $C = 0{,}2\ \mu$F lauten die betr. Werte 23,9 und 42,3 Volt.

Wird der Widerstand R vergrößert, so nehmen die Resonanzspannungen und auch die übrigen Spannungen am Kreis ab, die Schärfe der Abstimmung wächst jedoch, wie eine Kennlinie b zeigt, die für einen äußeren Widerstand $R = 9000$ Ohm aufgenommen wurde; die Kennlinie gibt den Verlauf der Spannungen U_L an; die Schärfe der Abstimmung wird noch deutlicher, wenn nach Abb. 52 wieder die Verhältnisse C/C_{res} bzw. U_L/U_{res} aufgetragen sind.

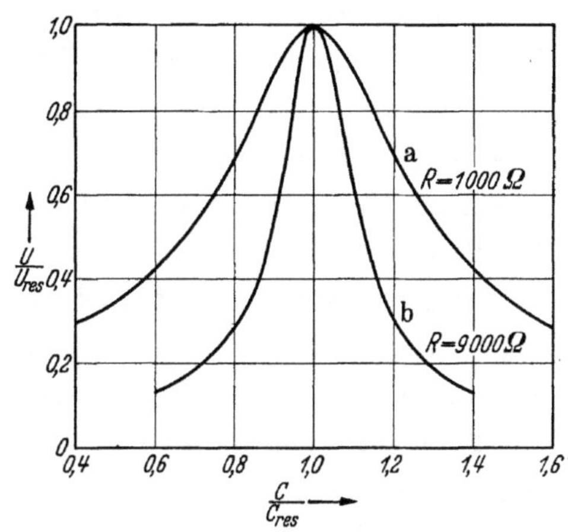

Abb. 52. Kennlinien nach Abb. 51, auf Kapazitäts- und Spannungsverhältnisse umgerechnet.

Die beiden Aufnahmen geben ein gutes Beispiel zu den theoretischen Erläuterungen über den Unterschied von Reihen- und Stromresonanzkurven (vgl. S. 13). Die Kennlinien nach Abb. 52 stellen nichts weiter als das Verhältnis der Parallelresonanzspannung ($U_{L\,max.}$) zur Spannung U_L am Kreise dar, und dieses Verhältnis kann, wie die Aufnahmen zeigen, ganz verschiedene Werte annehmen, wenn der Betrag des äußeren Widerstandes geändert wird, wobei die Dämpfung des Kreises und also auch seine Reihenresonanzkurve vollständig unverändert bleibt. Das Dekrement des zuletzt benutzten Kreises berechnet sich zu etwa 0,161, seine Spannungsverstärkung beträgt danach $U_{res}/U_b = \pi/\vartheta = 19{,}5$, so daß seine eigentliche Resonanzkurve spitzer verläuft als die Kennlinie Abb. 12; 1 mit einem größeren Dekrement 0,212. Trotzdem ist die Kennlinie Abb. 52a weit flacher.

Nach Abb. 6 läßt sich der Kreis an seinen äußeren Widerstand anpassen, was auch bei der zuletzt benutzten Anordnung geschehen kann, weil für $R = 1050$ Ohm der Widerstand R_{res} den 6fachen Betrag hatte. Die Spule besitzt (vgl. Abb. 18; 4) zahlreiche Abgriffe, so daß eine Anpassung möglich ist. Die Spannung U_L (Spulenspannung) steigt dann und erreicht größere Werte als die Betriebsspannung, während die Spannung U_{L_a} fällt; im Falle der größten Leistungserzeugung im Kreise [vgl. Gl. (21)] gilt auch hier $U_R = U_{res} = \frac{1}{2}\,U_b$.

Schauversuche.

Für Schauversuche ist bei mittelfrequenten Versuchsanordnungen der Lautsprecher ein besonders wertvolles Hilfsmittel; an Stelle der Amperemeter treten wieder die Lämpchen. Als Schauversuch sehr demonstrativ ist der Versuch nach Tabelle 13; man stellt zunächst die mittlere Frequenz 1984 Hz ein, wobei die Lämpchen in jedem Stromzweig etwa gleiche Helligkeit zeigen. Wird die Frequenz herabgesetzt, der Ton im Lautsprecher tiefer, so werden die Lämpchen im Kapazitätszweig fast dunkel, im Induktivitätszweig sehr hell; im anderen Fall tritt die umgekehrte Wirkung ein. Es ist nur darauf zu achten, um das Umschlagen der Ströme gut zeigen zu können, daß die Betriebsspannungen bei Änderung der Frequenz sich nicht allzusehr ändern; bestenfalls sollen sie gleich bleiben, doch ist das nicht leicht zu erreichen. Eine Annäherung an diese Forderung erhält man, wenn der Generator bei hoher Frequenz stark überspannt (L_a groß, vgl. Abb. 7) arbeitet, so daß sein Strom gering bleibt. Diese Überspannung sinkt bei fallender Frequenz, so daß die Ströme wachsen, die Spannung am Transformator daher zunimmt, so daß der Tendenz fallende Spannung bei fallender Frequenz entgegengearbeitet wird. — Es ist nicht zweckmäßig, zu niedere Frequenzen für den Versuch zu benutzen, weil dann die Wirkwiderstände der Spule gegen die Blindwiderstände zu groß werden.

Die Erscheinung, daß der Strom in einem Zweig bei gleichbleibender Frequenz und gleichbleibender Betriebsspannung unabhängig vom Strom im anderen Zweig ist, läßt sich für den Kapazitätszweig leicht dadurch zeigen, daß in die Spule ein Eisenkern von gleicher Art geführt wird, wie vorhin schon angegeben war (vgl. S. 74); die Lämpchen im Induktivitätszweig werden dann dunkel, diejenigen im anderen Zweig bleiben gleich hell. Soll das Verhalten der Ströme bei gleichbleibender Induktivität gezeigt werden, so verändert man (sprungweise) die Kapazität. — Für alle diese Versuche ist es zweckmäßig, die Induktivität des Kreises (die Generatorspule bleibt stets die gleiche) nicht groß zu wählen, also nicht $L = 51{,}5$ mHy, sondern $L = 5{,}7$ mHy zu nehmen (vgl. S. 71), weil die Blindströme sonst zu klein werden. Die Kapazitäten werden dann auch verhältnismäßig groß.

Zur Kenntlichmachung der Abstimmung bei einem eingeschalteten äußeren Widerstand R nimmt man am besten für R wieder eine normale Lampe (10 Watt) und als Abstimmittel wieder einen Eisenkern, als Strommesser im Kreise bleiben die Lämpchen am besten zur Herabsetzung der Dämpfung nur in einem Zweige. Auch hier läßt sich durch Frequenzänderung die Abstimmung zeigen, wobei eine stetige Änderung durch Näherung des Eisenkerns an die Generatorspule erreicht werden kann.

Schlagwörterverzeichnis.

Druck der Spamer A.-G. in Leipzig.

GPSR Compliance

The European Union's (EU) General Product Safety Regulation (GPSR) is a set of rules that requires consumer products to be safe and our obligations to ensure this.

If you have any concerns about our products, you can contact us on ProductSafety@springernature.com

In case Publisher is established outside the EU, the EU authorized representative is:

Springer Nature Customer Service Center GmbH
Europaplatz 3
69115 Heidelberg, Germany

Batch number: 10684220

Printed by Printforce, the Netherlands